明天的
遊戲規則

運用數位槓桿,迎向市場新局

台灣大學工管系 / 商研所教授

黃俊堯 著

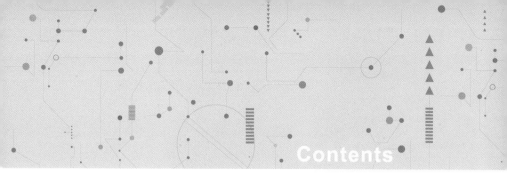

Contents

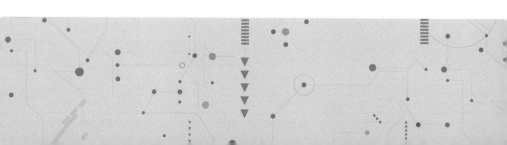

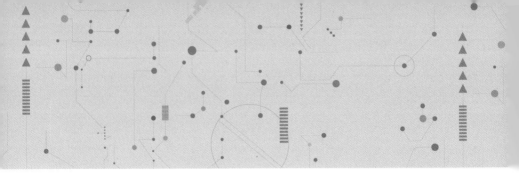

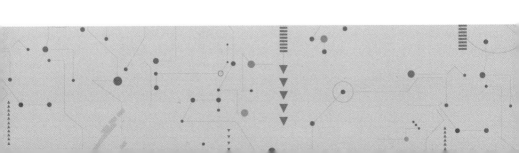

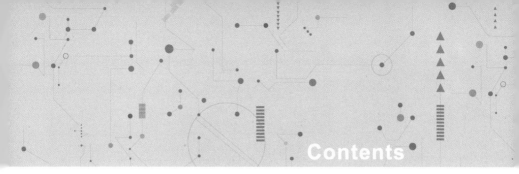

Contents

Contents

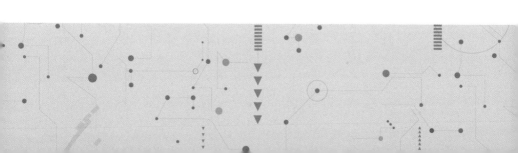

企業的死法與活法

數位新局裡的新經營邏輯

「我希望各位不要傻傻地誤以為飛行器在戰場偵查上有什麼用處。要偵察敵情，唯一牢靠的方法還是騎兵。」

1914年，第一次世界大戰爆發前不久，英國海格將軍（General Douglas Haig）這麼向部下訓示。一戰爆發後，海格將軍曾出任英國本土部隊總司令，1916年晉升為陸軍元帥。

然而一次世界大戰的戰場，卻與因襲保守的海格將軍所料大相逕庭。他所信任的騎兵，在壕溝戰中用處不大，反倒是飛船，或當時剛發展不久的螺旋槳飛機，被敵對的雙方陣營賦予各種角色。軍事意義上的偵查自不在話下，一次世界大戰甚且見證了立

體戰爭中的「轟炸」這回事。開戰不到一年，倫敦就遭到德軍齊柏林飛船（Zeppelin）夜襲轟炸。1915 年到 1916 年間，倫敦在內的英格蘭東南地區，遭遇了 51 次的飛船轟炸，造成 556 人死亡，1357 人受傷。等到英軍終於習得以射程足夠的高射炮與戰鬥機發射的燒夷子彈，有效率地合力阻卻飛船的轟炸，德軍又轉而以新發展出的哥塔轟炸機（Gotha），更有效率地執行轟炸任務。終戰前的 27 次哥塔轟炸機臨空轟炸，在英國本土造成 835 人死亡，1972 人受傷。

因交戰雙方的飛行能量與空中火器技術都還相對原始，所以即便德國轟炸帶給英國本土前述創傷，來自空中的威脅尚未能夠左右戰局。傳統二維空間的地面戰仍是第一次世界大戰的主舞台，空中力量當時還處於剛萌發、快速轉型嘗試階段。雖然空中武力還不足以影響大局，卻也已突破地心引力限制，局部開啓第三維戰爭的新局。

著眼於當時空中武力的局部性和局限性，我們姑且稱一戰為「2.5 維」的戰爭。即便只多了 0.5 個維度，經過第一次世界大戰的洗禮，海格將軍所信賴的，傳統軍隊中相對尊貴、兵壯馬肥、馳騁沙場的騎兵部隊，無論擁有再怎麼光榮的歷史，都已無足輕重。

　　事隔二十餘年，第二次世界大戰正式進入「3維」戰局。無論在歐洲戰場或是太平洋戰場，隨著技術的進步，交戰雙方殲滅對手的效率遠大於前，而戰局中成敗的邏輯也徹底被改寫：能持續掌握空中決定性優勢的一方，就是勝利的一方。

　　本書的主題不是軍事，而是**數位新局裡企業經營所需掌握的新邏輯**。此處之所以提及片面的戰史，是因爲現已成形的各種數位發展中，當今各行各業面對的大致就是一個「2.5維」的過渡階段。很快地，「3維」的競爭將具體化，而曾經輝煌的騎兵即將成爲歷史。

　　在這樣的基調下，本書試圖闡述已可望見、即將到來的「3維」競局裡，各業經營的必要能耐與基礎邏輯。

　　本書也試著提醒看多金戈鐵馬、驕騎縱橫的讀者：**時代不同了，我們別犯海格將軍的傻。**

第一次大戰末期，德軍以哥塔轟炸機轟炸倫敦的背景影片

死法：「模式」與「近視」

　　二次戰後到 1980 年代初，全球消費者主要靠黑膠唱片聽音樂。1980 年代的幾年裡，卡帶成了主要的音樂消費模式。進到 1990 年代，CD 唱片又取代卡帶，成為音樂流通的主要模式。世紀之交，受到 MP3 一類 P2P 音樂分享的挑戰，實體唱片市場整個開始萎縮。有那麼幾年時間，抓歌存 MP3 檔到硬碟、交換歌檔，都成了年輕人取得音樂的方式。但沒過多久，以訂閱為主的串流音樂消費，取代了 MP3 在音樂消費上的主流地位。即便是昔日嘗試以技術、法律阻擋音樂消費數位化的美國唱片協會（RIAA），認知到當今串流音樂模式在美國音樂市場的重要性，亦不得不宣布在白金專輯認證標準中，加入串流音樂播放量計算。在新標準裡，串流形式音樂播放超過 1500 次，即被認定等同於一張唱片的銷售。依此換算，依照以往一張專輯唱片銷售逾 100 萬張即為一白金專輯之標準，即便沒有實體唱片，只要串流播放超過 15 億次的音樂，即可被認證為白金專輯。

　　我們看到不到半世紀的時間，音樂產業歷經了黑膠唱片 → 卡帶 → CD 唱片 → MP3 → 串流等五種主流的模式（mode）。長江

----

①：「垂直領域」（vertical），與傳統所說的「產業」（industry）有所交集，但角度與指涉則不相同。一般而言「產業」是供給面的定義，指一群企業，生產或提供類似的產品與服務，受一定的遊戲規則或特定法規所制約，產業的範疇與疆界大致固定。「垂直領域」相對而言則是偏需求面的說法，重點在於需求的滿足。滿足某一特定需求（食、衣、住、行等）的各種企業，無論其產品或服務的樣貌與模式有多大差異，都可被視為同屬一個垂直領域。

後浪推前浪，模式的更迭如下頁圖 A 所示。圖A所彰顯的模式更迭，不僅適用於音樂領域，其實是商業史上各垂直領域發展的不變法則。① 如影視娛樂，由電影→電視→隨選電視，乃至無須綁縛於電視螢幕的多屏影視訂閱服務。又如日常用品的零售，傳統上長時間都以街角雜貨店為主要經營的模式，但雜貨店的功能在美國後來被城郊大型超市大幅取代，在台灣則由連鎖超商所置換。再如電信通訊，由有線電話發展到類比式無線電話（台港舊片中的「黑金剛」大哥大），到數位手機，又再進化到智慧型手機。

在這些例子中，每一個垂直領域裡的模式之改變，意味著需求滿足方式的「進化」。而這「進化」，又分為「漸進性」與「破壞性」兩型。漸進性的模式更迭下，經營特定需求的既有業者通常適應良好（如傳統唱片公司的營運模式，從黑膠唱片、卡帶乃至CD唱片的模式更迭中，基本上無縫接軌）。但一遇到破壞性的模式更迭，則市場遊戲規則重寫，垂直領域中的競爭便重新洗牌。例如音樂消費由CD唱片轉為MP3音樂檔案，再由MP3轉為串流，都是翻天覆地的破壞性模式更迭，讓原有主流模式經營者頓失所恃，但也另外催熟新生企業。②

一個企業，如果讓自己牢牢鎖穩在某個靠其發跡、賴其壯大的模式上，就容易在破壞性創新帶來衝擊之時，隨著己身鎖定

---

② ：以2006年上線的 Spotify 為例，到了2015年底已有8900萬名活躍用戶，並有超過2800萬用戶是付費的訂閱用戶。Spotify 目前已成為全球傳統意義裡音樂產業的關鍵獲利來源。其2015年有近九成營收來自訂戶費用，而營收中則有84％支付版稅給傳統意義下的音樂產業參與者。

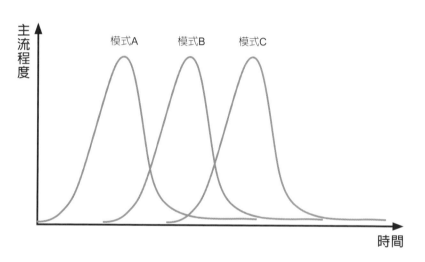

圖A：主流模式的更迭

的既有模式走下坡，而被後浪所取代。這，就是本節標題所說的「死法」，也是正逢各垂直領域由「2.5 維」到「3 維」競爭的過渡期間，本書希望透過有系統的討論提醒讀者趨避的事。

學界綜合商業史發展，把模式更迭一事及其意涵詮釋得最通透到位的，是已故哈佛商學院希奧多‧李維特（Theodore Levitt）教授於 1960 年發表的〈行銷短視症〉（*Marketing Myopia*）一文。③這篇在《哈佛商業評論》（*Harvard Business Review*）上發表的文章，據說是該期刊合法授權複印次數最高的一篇。在這篇經典中的經典裡，李維特從史學角度，歸納出多數曾飛黃騰達的企業，其沒落乃至滅亡之因，常是把自己鎖在一個歷史偶然的模式上；誤以為那熟悉的模式是歷史的必然，因此把企業的存在定義為該偶然模式的經營。這，就是「行銷短視症」。

也許有人會問：「短視症」不難理解，但這和「行銷」有什麼關係？如果那篇文章如此經典，為什麼台灣的商學院畢業生泰半都沒讀過？甚至到處聽課的企業經營者多數連聽都沒聽過？這兩個問題的答案，其實都與台灣百業從「2 維」或「2.5 維」，進化到「3 維」時，面臨到的各種窘境之根源習習相關，且甚少被意識到。

在本書結尾，我們將討論與這兩個問題相關的台灣困境。

---

③：Theodore Levitt（1960），"Marketing Myopia"，Harvard Business Review，38(4)，45－56。繁體中文的授權翻譯版本，見希奧多‧李維特（2009），〈行銷短視症〉，《哈佛商業評論》6 月號。

活法：顧客導向

點出了企業常見的「死法」，在於把自己鎖死在一個實為歷史偶然的模式之後，〈行銷短視症〉一文提出了「活法」的解藥。這解藥以我們現代的語彙來說，就是顧客導向這四個字。

顧客導向？再熟悉不過的老生常談。但這裡提及的顧客導向，事關企業長期的生死，可能和一般的理解不在同一個層次上。

平常聽到顧客導向一詞，大致上指的是讓顧客滿意，甚而不斷提高顧客滿意度一事。認真的企業，因此使用滿意度問卷以及各種 KPI，來實踐顧客導向的經營。但是這裡所欲詮釋的顧客導向，卻是無法用任何問卷或 KPI 去界定的「眼界」問題，它直接關連到企業經營的本質。

企業經營的本質是什麼？很多人會說：營利。

那麼，企業要如何營利？很多人會說：靠著提供讓顧客滿意的產品或服務。

〈行銷短視症〉一文則指出，**企業必須試著認知自己的本質，並非在於製造產品或提供服務，而在於竭盡全力經營顧客。**

換句話說，企業必須瞭解，在模式更迭的必然中，當下所經營的產品或服務，其實都只是方便法門。而這方便法門，為的是經營顧客群。理由很現實也很簡單：除了金融操作外，企業的每一分營收，都來自顧客。因此，**企業的經營就是顧客的經營**，產品或服務只是企業經營顧客的媒介。在這樣的意義下，顧客導向是策略層次的命題，是企業欲長期存活於模式更迭中的第一要義，需要整個企業組織共同實踐，絕對遠高於「讓顧客滿意」這類的詮釋。

　　簡言之，**顧客導向的經營觀，將企業經營等同於顧客經營**。所謂的顧客經營，於是便可以下頁圖 B 所示的水缸來比擬。在這樣的比喻中，顧客就是水，而企業透過各種與時俱進的產品與服務，讓水位（也就是顧客數量）最大化，也盡可能使水溫（也就是與顧客的關係）越來越高。如是，企業經營就是經營企業的這缸水（也就是客群），長期而言獲利的保證則在於以下三項管理：

（1）找到有效率的方式導入水源（客源管理）。

（2）管理缸內現有存水的水溫（顧客關係）。

（3）管理滲漏（留客管理）。

圖 B：顧客導向就是經營客群這缸水

1、客源管理 acquisition

2、關係管理 relationship

3、留客管理 retention

　　目前已經發生或者正要發生的各項數位化可能，在這樣的意義下，**既是既有企業經營上的機會，同時也是威脅**。機會方面，接下來我們將逐一討論的各類「數位槓桿」，運用得宜者顧名思義，便能在**客源獲取、關係管理、舊客留存**這三件大事上事半功倍。威脅方面，企業若在所營的垂直領域裡死守既有模式（無論是零售、傳播、金融、運輸、製造相關），面對掌握數位槓桿優勢的新形態競爭者，便不易守住長久經營下來既有的一缸水。

　　此外，談到因數位發展由「2.5 維」轉至「3 維」的客群經營，某些行業在轉型過程中因為資源的有限性，也因為新舊經營模式間可能有的扞格，還需嚴肅面對「是否不再主動經營缸中舊水」，乃至「是否必須主動放掉缸中舊水，重新來過」的策略性抉擇。這類抉擇，恰恰就是克雷頓・克里斯汀生（Clayton Christensen）以《創新的兩難》一書所討論的「兩難」問題。

　　遭逢破壞性的模式更迭時，企業竭盡全力經營既有顧客的初心，卻正好很弔詭地容易驅使企業死守現有模式，無視大局變化的必然，因此而隨著既有模式的衰落，走向難以回復的陡降坡。所以，**客群經營的前提，在於選擇合適的顧客去經營**。「讓老顧客滿意」這樣的思考，對於面向變局的既有企業而言，有可能既不是顧客導向經營的必要條件，也不是顧客導向經營的充分條件。

數位經營的「形」與「神」

　　釐清了「短視症」對於企業的致命性，界定了「顧客導向」的企業經營本質，**經營者迎向數位新局，還需認得清數位經營「形」與「神」這兩個層次的截然不同之處**。臨馬路的牆面上大喇喇放上店名外沒有任何線索的QR code、粉絲專頁拚命利誘衝粉絲數按讚數、耗費資源推出評價2.4顆星的app、「今年開始建置物聯網系統，明年預期因此獲利兩億」「建造一個符合工業4.0標準的新廠」「結合大數據，進軍XXX」⋯⋯迄今檯面上太多既有企業類似的做法或宣稱，徒求彷似數位發展的「形」，卻離數位經營的「神」甚遠。

　　求「形」甚易。市場上多數想像得到的數位發展，其後台技術都找得到第三方已架構好的解決方案。所以，無論是短期內為了管理形象、激勵股價，或者單純趕流行，企業要做出些流行的數位樣貌都非常容易。然而，**數位經營的「神」，則在具體掌握各種數位可能，藉以驅動理當是企業經營本質的顧客經營。本書將透過各種「數位槓桿」的討論，梳理出這個意義下數位經營的「神」之所在。**

　　接下來，本書分為上下兩篇。**上篇首先將逐一探討各種「數位槓桿」的作用原理，下篇則以「數位推土機」，比喻掌握數位槓桿者所具備的優勢，說明其對於未掌握數位槓桿者的龐大威脅**。在這些討論的基礎上，我們最後也將試著有系統地分析台灣企業數位轉型，所面臨的挑戰。

上篇
數位槓桿

數位發展迄今，市場上已有的各種技術、工具與機會，
在客群經營、價值創造、價值溝通等方面，
都替顧客導向的經營帶入了槓桿作用之可能。

　　實踐顧客導向的經營，是數位新局中企業的不二活法。要使「顧客導向」不淪為口號，則需認知到**唯有面向客群的價值創造與價值溝通，是變局裡的不敗之道**。而數位發展迄今，市場上已有的各種技術、工具與機會，則在客群經營、價值創造、價值溝通等方面，都替顧客導向的經營帶入了槓桿作用之可能。

　　接下來，我們將逐一檢視以**體驗**為支點的**客群經營**、以**數據**為支點的**價值創造**、以**創意**為支點的**價值溝通**等幾種數位槓桿。我們將討論它們運作的邏輯、所需的能耐，以及運用的效果。這些數位槓桿的經營，可以說是現代經營者實踐顧客導向的基本功。一旦練就顧客導向的槓桿功夫，顧客群不斷茁壯，其正面的效果則是衍生出以**數位成本結構**為支點的**規模經濟**槓桿。而市場競爭的現實，接下來又會引導出以**規模經濟**為支點的**範疇經濟**槓桿。

　　本書上篇，便在如下頁圖 C 所示的概念架構下，系統性地討論這五種數位槓桿。

圖 C：本書所討論的數位槓桿與作用支點

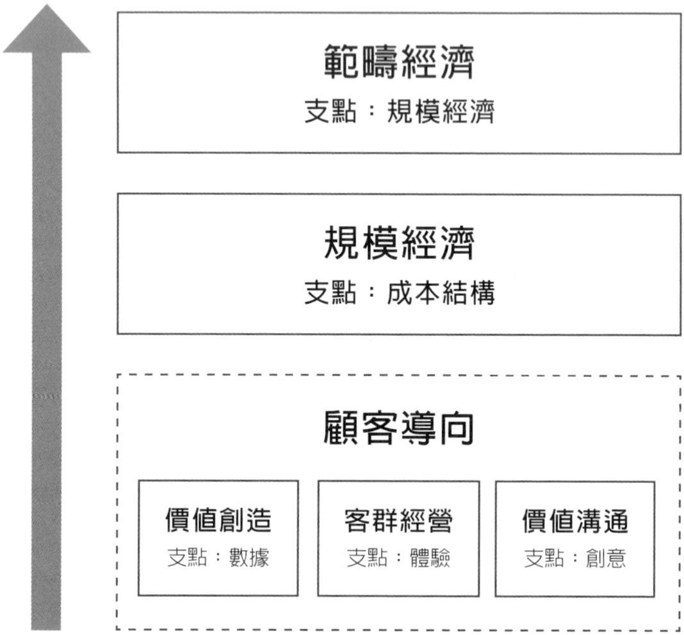

範疇經濟

支點：規模經濟

規模經濟

支點：成本結構

顧客導向

價值創造	客群經營	價值溝通
支點：數據	支點：體驗	支點：創意

第一章

統合顧客體驗的
客群經營槓桿

朝夕與百年

我們將開始透過各分章，琢磨數位經營的「神」，系統性地探索幾項至關重要的數位槓桿。雖然看似弔詭，但在快速變動的數位環境中，企業欲有效建構與運用各項數位槓桿，關鍵在能否抱持「看長不看短」的決心；而其前提，則是鎖定顧客體驗，累積經驗，沉澱數據，藉以經營客群的堅持與耐力。

「看長不看短」這件事，是做好數位經營非常、非常、非常基本的必要條件。但無論是傳統實體經營的數位轉型企圖，還是數位原生的新創事業，不少企業主持續抱著過去成功營利時的經營假設，自始沒搞清楚這件事無可妥協的重要。所以就常見數位

煙花蓬蓬，光彩熱鬧，但僅只是曇花一現。

「看長不看短」，首要理解傳統生意與數位經營的本質差別。傳統經營的商業邏輯，如主流教科書中奉為圭臬的新古典經濟學所假設，重點在於追求當期利潤的極大化。因為利潤由營收與成本的差距所定義，所以傳統經營思考，便常以利潤率為核心。許多既有企業，擅長的便是擰毛巾式的不斷將成本壓低。

但即便是傳統經營，仍有企業反過來把壓低而非提高利潤率，當作經營原則。雷軍便曾提及，初創小米時最大的啟發，來自利潤率僅有同業一半水準的沃爾瑪超市（Walmart），以及利潤率比沃爾瑪還要低很多的好市多（Costco）。概念上，無論是一般顧客評價為「高CP值」的好市多、小米，還是底下我們將討論的許多算不出CP值（因為P＝0）的數位服務，經營原則都是「看長不看短」。更簡單地說，就是「放長線釣大魚」。而這裡所謂的「大魚」，是**個別顧客長期而言，所能創造出的財務貢獻**。

就因為數位環境的快速變化，不斷更迭，加上本書下篇所要探討的「數位推土機」剷平一切的去中介效率，多數行業若再如以往般，一心一意只在產品的利潤率上打轉，已難濟事。未來的成功經營，不管有多重的數位色彩，關鍵都是憑藉提供顧客收關體驗的積累做為槓桿支點，撐起（如第18頁圖B所示）競局中

可長可久的客群經營。「多少事，從來急，天地轉、光陰迫，一萬年太久，只爭朝夕」這樣的心態，是傳統的競爭邏輯。因為炒短線的經營只會被帶著轉，快速的變局中長久下來終成不了什麼名堂，所以雖然看似弔詭，但若能體認顧客導向的真髓，數位變局裡可長可久的經營邏輯，反倒將是：「多少事，從來急，天地轉、光陰迫，朝夕從容，但看百年」。

數位經營的原點：顧客體驗

星巴克在1990年代，就確立它爭的不是朝夕，而是百年。

從那時起，它的本質即被清楚界定為是個「以咖啡來經營人」，而不是個「為人經營咖啡」的事業。① 在這樣的理念定錨下，隨著各種數位可能的出現，以及顧客行為的變化，星巴克在過去十餘年間進行了對焦於顧客的多軸線新創與轉型，配合原就著稱的實體店內獨特氛圍，提供了與其主顧們切身攸關的體驗。

早年，「星巴克體驗」的重點在於每家咖啡店內的氛圍。透過「星巴克式」的氛圍，早期星巴克吸引、培養了一群（如

---

① ：很長一段時間裡負責星巴克國際事業拓展工作的前星巴克國際企業董事長霍華·貝荷（Howard Behar），曾為星巴克的經營本質定調為："We're in the people business serving coffee, not the coffee business serving people."

「果粉」一類蘋果產品愛好者）「星粉」客群。但隨著外在環境、顧客行為的變化（尤其是北美母國市場），**星巴克憑藉與時俱進的顧客體驗，撐起不斷擴大的客群**。借用設計界常提及的「AEIOU」五個面向，表1-1勾勒出星巴克就顧客體驗管理而言，由過去到現在的脈絡改變。

表1-1所討論的虛實整合體驗管理，各業都有不同的重點與經營可能。就星巴克而言，有下列幾個作為，常被引為掌握虛實整合機會的範例。

（1）My Starbucks Idea

My Starbucks Idea是一個於2008年創立，供星巴克顧客線上提出、討論新點子的論壇。星巴克的顧客迄今已在這線上共創社群論壇裡，提出了十幾萬個關於星巴克產品與服務的新點子。參與者透過一套「分享、投票、討論、看結果」（Share、Vote、Discuss、See）的機制，與涉入該論壇的星巴克員工互動。催生出的新產品與新服務，包括把發源於紐澳等地的白咖啡（Flat White）在美國上市、導入椰子糖漿、透過手機應用程式點餐、與在地麵包坊合作供應餐點等。

表 1-1：星巴克的顧客體驗管理

	管理面向	傳統管理重點	虛實整合體驗管理
Activity 活動	目的、模式、規範	點餐、支付	精簡化＋豐富化*
Environment 環境	空間、時間、場景	各店個性化呈現	線上線下統整經驗
Interaction 互動	流程、劇本、角色	店員與顧客間	介面＋店員與顧客
Object 物件	物品、設備、裝潢	器具與室內設計	介面設計
User 使用者	動機、態度、意向	到店顧客體驗	顧客全時體驗

※如點餐這件事透過數位建置所提供的點餐、支付等功能性活動精簡化，又如 Starbucks Digital Network 等服務所提供給顧客的豐富化數位體驗。

（2）My Starbucks Reward（MSR）

　　這是星巴克的忠誠會員計畫（loyalty program）。早年消費端憑藉卡片，現在則透過手機 app 管理與使用積點。MSR 透過如航空公司里程會員般的三級（星級、綠星級、金星級）會員機制，誘發顧客的行為忠誠。星巴克在美國就有超過千萬名活躍的 MSR 會員，而這些會員平均在星巴克的花費是非會員顧客的三倍。

（3）Starbucks Digital Network

這是星巴克的店內免費上網服務。目前透過與 Google 合作，提供全美國網速最快的免費 Wi-Fi 服務。而在免費 Wi-Fi 的基礎之上，還提供店內使用者如《紐約時報》《華爾街日報》《經濟學人雜誌》等一般須付費的線上文章免費閱讀權。

（4）Order and Pay

2009 年星巴克即推出綁定禮品卡，在店掃描 app 內二維碼，便完成支付的行動應用。2014 年底開始，星巴克承繼既有的行動應用服務經驗，推出讓消費者一氣呵成，完成點餐與支付動作的統合性行動應用 Order and Pay。透過這個 app，美國的星巴克消費者隨時隨地都可事先在手機上完成詳細的點餐（含加肉桂粉、少糖等微調指令），隨即線上結帳，並選擇取餐門市；在系統給出的估計等待時間後，到該門市直接取餐。除了讓顧客省事外，此一行動應用在顧客整體體驗提升上的意義，還包含由於顧客很方便地就可自行於手機上完成事務性的點餐與支付，所以星巴克的店員們便有更多餘裕，提供更貼心的非事務性顧客服務。

（5）Starbucks Digital Coffee Passport

　　台灣的星巴克愛好者可能都熟悉「星巴克隨行尋味護照」這本優惠小冊。但是在美國本土，名稱類似的 Starbucks Coffee Passport 則是完全不一樣的東西。自 90 年代開始，美國星巴克便印發口袋版本的咖啡知識小書 Starbucks Coffee Passport 給星巴客店員，讓每個店員都能通曉各種咖啡豆從產地到烘培的歷程，熟悉各種豆品的烹煮調製，成為可以品評咖啡產品的微達人。在此基礎之上，星巴克近期發行了行動應用版本的 Coffee Passport，除了原有靜態內容外，也動態連結到星巴客的官方咖啡知識部落格 1912Pike，並且首次讓美國消費者也能下載。透過數位化、動態化的內容呈現，咖啡愛好者與星巴客店員，此後便能時時同步、深化對於咖啡的理解。②

　　總而言之，近年星巴克透過這些布局，完成了從以往「去星巴克喝咖啡享受獨特氣氛」的目的，到現在更為一般的「享受星巴克」這樣的轉型。對於顧客而言，造訪星巴克有各種各樣的動機，這些動機都是他們生活裡很重要的部分；而星巴克透過線上線下統整的客戶體驗提供，讓顧客很自然地選擇星巴克，滿足各

---

②：由於只針對美國市場發行，Apple 和 Android 手機用戶在台灣無法下載該 app。有興趣的讀者可以掃一下第 36 頁的 QR codes，簡單了解該行動應用的功能，以及該應用連結的內容。

自異質的需求。

　　如表1-1沿用「AEIOU」架構所呈現的整理，顧客體驗的管理涵蓋其實相當廣，牽涉到顧客的行為、態度、認知、情緒、期待、感受等面向。**經營顧客體驗，便意謂著需要在變動環境中學習、累積這些顧客面向的管理。**從星巴克的例子我們見到，數位新局裡的顧客體驗經營，一方面有賴於全盤掌握總體（市場、技術）與個體（顧客）變貌，一方面則必須跟隨不斷深化的理解而進行各種嘗試。在這樣的意義下，顧客體驗方能成為客群經營的支點。如星巴克的例子所示，顧客體驗的堅實提供基礎，在於對顧客乃至對競爭者的理解；而**良好的顧客體驗，則可撐起不斷成長的客群。就品牌商而言，顧客體驗是差異化的重要基礎。**面向兒童顧客（以及身為他們實際採購決策者的父母），歐樂B與迪士尼聯手，推出 Disney Magic Timer 行動應用 app，透過讓小朋友自行選取的迪士尼卡通人物計時互動，讓小朋友的實際刷牙時間，延長到牙醫所建議的2分鐘長。這樣的一款 app，豐富了一個傳統上無趣、小孩無感的產品體驗，當然也讓歐樂B這品牌在小孩心中留下深刻而獨特的印象。

　　就通路商而言，為提供線上線下整合的 O2O 購物體驗，近年來我們除了常看到線下經營成熟後拓展至線上經營的事例外，

也見到越來越多線上經營有成而滲透至線下經營的嘗試。譬如亞馬遜，首先於西雅圖試水開設實體書店，店內陳設約 6000 種書，並策畫於更多城市開起實體零售業務。這樣的嘗試，主要便**著眼於線下書店所蒐集到的顧客質性與量化行為數據，用以優化完整的、不分線上線下的、以顧客經驗為核心的整合體驗。**

無論做為商品、服務或平台，數位經營都需要與時俱進地關切顧客體驗。再以團購為例，來看所謂與時俱進這件事。源自 PC 聯網時代的團購，消費者傳統上於線上團購平台購買團購券，再在線下進行消費。隨著傳統團購在消費者端與商家端的缺點一一被發現，中國團購平台「大眾點評」，便推出新一代的「閃惠」服務。這個服務讓消費者不必在消費前便結帳購券，而是依循大眾點評店家頁面上的「閃惠」記號，直接到店消費，結帳時告知使用「閃惠」消費，取得類似團購的折扣，而後在手機上透過支付寶或微信支付結帳。對於消費者而言，不必如團購時般事先付款，結帳程序也簡便。對於商家而言，掌握了折扣成數的彈性，方便調節供需。

在 B2B 的經營裡，顧客體驗也同樣重要，經營的方式則可更加多元。譬如在日本，大金（Daikin）空調的 Airnet 系統與佳能（Canon）事務機的 Neteye 系統，各自在物聯網概念下，建置客戶

端硬體設備上的感應設施，透過網際網路傳送資訊至雲端，藉由數據的蒐集與分析進行自動化故障診斷、提高維修效率、改善新產品設計、提供節約成本的建議給顧客。這些都是 B2B 場景中透過物聯網與數據，不斷優化顧客體驗的企圖。

Starbucks Digital Coffee Passport
官方介紹短片

星巴克 1912 Pike 官方部落格

歐樂 B 與迪士尼合作
導引小朋友刷牙的 Disney Magic Timer app 介紹短片

體驗經營的本質：攸關性與稀缺性

所有的事業經營，可長可久之方，都在於能更完善地解決顧客的痛點，滿足顧客需求。這裡所說的「更完善」，可能是更方便，可能是更有趣，可能是更便宜，可能是更豐富細緻。無論指向為何，「更完善」的顧客體驗，必然是攸關且相對稀缺的。

先說攸關性。顧客體驗提供，當然以替顧客解決問題為要。以B2B的交易來說，從美國大型五金產品供應商格雷杰（Grainger）著名的一對多料件（Maintenance、Repair、Operation，MRO）電商服務，阿里巴巴長久以來經營、亞馬遜也開始發力的水平型態雙邊B2B交易平台，到中國這幾年在各垂直領域發展出的「找X網」（如「找鋼網」「找原料網」等）垂直型雙邊B2B交易平台，無不對焦解決傳統B2B供應鏈裡資訊不對稱、買賣雙方搜尋成本高、品質難保證、物流繁瑣複雜等問題。數位經營者替顧客解決了這些問題，讓供應鏈內的摩擦力大幅減低，便是攸關的顧客體驗提供。

再就B2C交易而言，新型態的線上瀏覽商品目錄→線下體驗→線上完成付款交易→線下收貨的虛實整合模式，便是針對許多

消費者看似有所衝突的購物期待（一方面希望購物不折騰，另一方面有時又想於下單前確認品項完全適合己身所需），提供完善體驗的企圖。這方面如美國以男性服飾為主的線上電商 Bonobos，美國珠寶電商 Blue Nile 與中國珠寶電商鑽石小鳥等，以線下體驗店方式，支援線上目錄瀏覽與訂購交易。又如美國眼鏡電商 Warby Parker，讓消費者先免費試戴，之後於線上下單購買眼鏡。③

再如做為共享經濟代表的 Uber，其按需即時服務機制，在不同場景裡經過調整，提供場景內攸關的體驗與需求滿足。這方面，2006 年成立，在歐洲十多國裡扮演 Uber 長途版角色的 BlaBlaCar，媒合中長途汽車旅行閒置座位的供給與需求。在其服務設定中，乘客和車主兩方初註冊時，都需選定聊天偏好、是否抽菸、是否帶寵物、是否在車內聽音樂。車主提供閒置座位時，將包括乘客負擔金額、搭載時間與起訖地點、車內是否播放音樂、是否接受攜帶寵物等長途開車計畫，都在平台上公開，並自我定義屬於安靜型（Bla）、一般型（BlaBla）、健談型（BlaBlaBla），供有搭順風車需求者洽詢。而 Uber 模式在香港，出現的則是即時傳呼貨車快遞服務 GoGoVan。GoGoVan 在香港透過貨車，經營家居搬運、寵物接送、寄送文件、建材運送、倉庫提存等服務。但 GoGoVan 進到台灣後，適應城市內需求與交通狀

---

③：消費者於線上目錄挑選五副眼鏡，由 Warby Parker 將這五款眼鏡以禮盒方式免費郵寄到府，顧客於收件後五天內試戴、上網確認訂單（及配鏡處方籤與雙矓間距等配鏡資料），並將禮盒免運費寄回，不久即可收到訂購的眼鏡。在後台，Warby Parker 採取高度垂直整合策略，全盤掌控由設計、製造到銷售的流程。相對於美國市場動輒一副數百美元的眼鏡，Warby Parker

況，變形爲即時傳呼機車快遞，訴求即時下單、即時配送的高效
物流服務，並逐漸發展出事務代辦、食品／飲料購買排隊等需求
滿足的附加服務。這些Uber的變形版本，變形變奏的主因，就在
適應不同市場中的不同情境因素，而這些情境因素的經營，便指
向異質的顧客需求滿足。

**種種變形變奏，就在於針對這些需求，提供攸關、而尚未被
既有服務滿足的顧客體驗。**

有意義的顧客體驗經營，除了呼應攸關性之外，尤其在B2C
領域內，還須回應稀缺性。對於全球日益龐大的中產階級而言，
相較二十年前，今日透過各種數位連結，已能非常有效率地滿足
傳統上很費事才能滿足的許多需求。資訊多如牛毛的今日，有意
義的顧客體驗經營，在於補足顧客所察覺的稀缺。如音樂串流服
務Spotify的訂戶，在該服務所提供3000萬首歌曲隨時隨地選聽的
歌海中，面對的已不再是上一代沒錢買唱片聽音樂的稀缺，而是
音樂消費場景量變而質變後，「我現在到底該選什麼來聽」這類
問題所帶出的消費者音樂消費「方向感」的稀缺。

總的來說，對於現代中產階級而言，在物質不再匱乏後，就
如法國社會哲學家布希亞（Jean Baudrillard）多年前所說的「超眞

提供大量的95美元相對低價款式供選配。Warby Parker以「Buy a pair, give a pair」（買一
副，捐一副）的社會企業理念爲訴求。顧客向Warby Parker購買眼鏡，Warby Parker每個月
依據銷售量，捐款給協力的非營利組織，再由這些組織在開發中國家運用該捐款，簡易訓練驗
光師並提供價格低廉的眼鏡服務。

實」（hyperréalité）社會，資訊爆炸下所稀缺的，通常是傳統意義裡的「意義」。對於自然人而言，有意義的時間與場景，所帶出來有意義的顧客體驗，不必然需要透過數位環境的中介。但**對於企業在數位環境裡經營顧客而言，當對顧客補其稀缺，提供特定體驗，讓顧客取得他處難覓的意義。**

這樣的意義，可能在線上，也可能在實體世界中經營。在時尚電商比比皆是的今天，線上稀缺、而部分消費者會買單的，是「奢侈＋流行＋社交＋評比」這樣的價值提供。奢侈品電商Net-a-Porter於是推出行動社交平台，供用戶「與世界上最時尚的女性共同分享與購物」（Share & shop with the world's most stylish women）。相對地，同樣訴求奢侈高端，歷史悠久的高檔旅遊雜誌《Condé Nast Traveler》則反數位化潮流，在用紙和內容上下功夫，將每期雜誌變得更大、更厚、更沉。藉此，《Condé Nast Traveler》在傳統雜誌被線上內容逼到牆角之際，經營實體世界日漸稀缺的重磅奢侈感。

而能否抓住這裡所提及的收斂與稀缺，關鍵在於**經營者是否有足夠的市場敏感度與同理心**。若有，可能僅靠一個小地方，就能產生彌補稀缺的高度收斂顧客體驗。中國汽車之家網站，在汽車內容這個垂直領域裡，循著讀者體驗的軸線經營，以相對中

立、專業的內容經營讀者群。龐大的用戶群讓它得以在紐約上市。在經營之初，它抓住彼時同類型內容網站在週末不做內容更新的機會，在週末定期更新。這樣一件週末更新內容的小事，彌補了許多對汽車內容有需求的讀者，在週末休假時間裡有閒卻沒新內容可看的遺憾。雖只是一個小決策，對於顧客體驗而言卻是個攸關的決策。

Warby Parker
創辦人簡介其商業模式

這段訪問汽車之家前 CEO 秦致的節目，
部分訪談內容可說是「市場敏感」與「同理心」相關的有趣影片。
適合對中國互聯網產業不熟悉的讀者花點時間觀賞。

即將大眾化的虛擬實境體驗

就概念而言，虛擬實境（virtual reality，VR）技術，透過數位感應器所產生的數據，對五感提供擬真的實時場景資訊，並提供與該擬真場景互動的可能。雖然在 1960 年代就曾出現名為 Sensorama 的虛擬實境機、頭戴式顯示器（head-mounted display，HMD）等硬體，而多年前甫進到 Web2.0 時代之際頗為火紅的「第二人生」（Second Life），也是款數位擬真的社交應用，但一直要等等摩爾法則所指的硬體端計算與儲存成本降到一定水準、頻寬不成問題、群眾募資導引新創的風起雲擁、擬真效果相對完善的頭戴裝置——商品化的最近，VR 的各種應用前景才逐漸明朗化。

在多數場景裡，VR 應用直接關聯到使用者的體驗。不管是工具性（如醫療、教學、導覽、戰場訓練）或是生活娛樂性（如遊戲、購物、旅遊）的應用，VR 發揮攸關性作用的關鍵都在於擬真。在擬真的情境下，提供使用者忘掉現實世界而進入虛擬世界的沉浸式經驗，並與虛擬場景互動。也因此，從體驗的角度來說，VR 的擬真包括想像（imagination）、沉浸（immersion），與互動（interactivity）等所謂「3i」之關鍵要素。

　　做為數位經營的新維度，一旦技術端能有效支持前述的「3i」條件，以VR降低既有成本、豐富價值提供的完善顧客體驗可能性，便無可限量。在遊戲端，如PlayStation VR開始在原有的PlayStation生態圈裡開發相關軟硬體，開始提供玩家較諸以往更為立體擬真的遊戲體驗。在電子商務端，如阿里啟動的「敗家」（BUY+）計畫，訴求不必上街也能有逛街購物的完整體驗。在品牌經營端，如萬豪酒店「VRoom Service」，提供房客「客房裡進行環球旅遊」的嘗試；以及Dior以「Dior Eye」VR穿戴裝置，讓顧客體驗服裝秀前後台場景的實驗。在社交端，如AltspaceVR平台所代表的實時線上擬真交際與通訊。在軍事端，如中科院研發的「陸軍輕兵器射擊訓練模擬器」「沉浸式互動射擊系統」「戰鬥體感遊戲系統」等虛擬實境輔助訓練工具。在醫療端，也見到如南加大與美國陸軍合作，透過BraveMind技術，以VR場景治療創傷後心理壓力症候群（PTSD）、倫敦Virtual Exposure Therapy診所透過VR場景緩解幽閉恐懼、懼高症等企圖。

　　總體來說，無論對焦在哪一種場景，VR可預見的商業價值，都在於提供攸關而稀缺的體驗。

阿里「敗家」的介紹短片

左右腦並用的體驗經營

　　有實效的顧客體驗管理，是讓顧客以各自自在的方式，沒有**困難且愉快地維持甚至增進與企業間的關係**。按照先前的邏輯，這便完善了顧客導向的企業經營。無論是 B2B 或是 B2C 的情境，企業經營個別顧客，細緻地說，就是在經營如下頁圖 1-1 所示，影響顧客體驗的連串環節。

　　首先，顧客可能透過線上線下的社交網路（例如 Line）、可能根據自己的主動搜尋（例如上 Google 搜尋）、可能源於接受經營者的價值溝通訊息（例如公車車體廣告），而了解到特定需求經營者（例如一個新創的線上借貸平台，後續將接續此一貸款需求情境舉例），在市場上提供某方面的需求滿足（例如貸款需求）。各種主被動接收到的訊息，讓顧客對於透過特定經營者的價值提供以滿足需求，產生某種程度之期待（即透過該平台貸款，既方便又低利）。而後，要滿足該項需求時（即缺錢需貸款的時候），顧客評估比較市場中可滿足其需求的各種方式（即比較各種銀行甚至地下金融的融資可能）。如果對於前述特定經營者的期望，相較於其他方案更為正面，則促發該顧客與該經營者

圖 1-1：顧客的體驗歷程

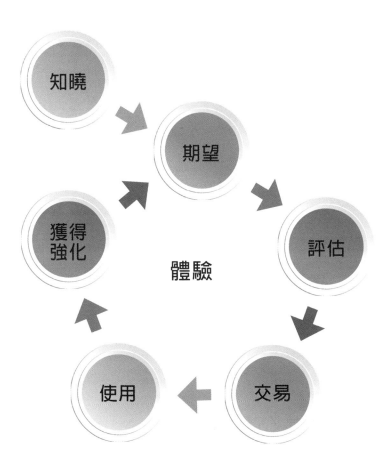

間的交易（即前述的線上借貸平台借款）。交易的過程與交易後可能的使用狀況（包含操作介面、操作流程、實際貸款利率、核撥金額、到款方式等），則又會調整或強化該顧客對於該經營者的期望。以上種種連續環節，都是顧客體驗的一部分。

這些環節的經營，有時是如界定「最適定價」這樣的最適化企圖，有時則要在社會的、文化的、美學的脈絡中，以新方式創造**攸關**的價值給顧客。前者，涉及所謂左腦思考的量化計算；後者，則屬於右腦運作的質性範疇。也因此，**有意義的顧客經營，勢必需要兼具理性與感性，左右腦並重的經營。**

左右腦並重的另一涵義，在於**理解市場、理解顧客**。

傳統上，針對顧客經營，這方面左腦相關的量化研究，主要以問卷或者實驗取得數據，而後進行統計分析。右腦相關的質性研究，則透過如深度訪問、焦點座談等方式進行探索與分析。針對顧客體驗，兩者都需要拆解問題、分析問題（但後者在分析完成後尚須綜合統整的創造力功夫）。無論如何，不管爲的是要理解顧客、掌握環境情境，還是改善現狀，這些量化或質性的做法，都是以「問」的方式，試著去找出既定問題框架內的答案。但是「問」的先天限制，在於首先發問者要知道問題所在，其次

回答者要有辦法說出答案。

　　隨著環境變化，過去二十年間，企業以顧客體驗經營爲宗旨所進行的顧客相關分析，傳統上全然靠著「問」的做法已無法滿足，也無法局限於全然左腦或全盤右腦的區分。如下頁圖 1-2 所示，針對顧客體驗，除了傳統的「問」之外，「看」的重要性也越來越被重視。這其中「問」得出來的，多半跟顧客「已經知道、說得清楚」的事情有關；而「看」這件事，相對而言則**企圖捉摸、經營顧客說不清楚、不大知道的潛在需求**。

　　所謂的「看」，又可粗分成運用同理心，橫跨各種分析需求，試圖穿透表象而直搗事物本質的右腦「設計思考」（design thinking）脈絡，以及分析因數位經營所產生的大量數據，而掌握事象形態與關連的左腦「（大）數據」脈絡。至於打破左腦或右腦單邊思考局限的做法，則如針對理解顧客動機、行爲與態度等面向，兼及「問」與「看」，貫串左右腦的「顧客旅程地圖」（customer journey mapping），以及爲逐步改善顧客體驗，同樣兼及「問」與「看」，貫串左右腦的「易用性測試」等。這些相對新的做法，也許尚未被細述於傳統領域的一般性教科書中，卻是經營、優化顧客體驗的重要取徑。

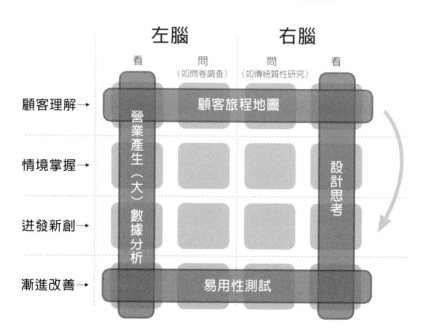

圖1-2：全面理解顧客的多元途徑

（1）左腦相關的「看」：（大）數據分析

數位環境裡的一個重要特性，是顧客行為相關數據大量、即時、多元追蹤與蒐集的可能性。透過數位介面，時或輔以物聯網

的建置，則無論是購物者實體賣場內造訪與移動的動線紀錄、電商平台上的瀏覽路徑、社交媒體上的朋友關係與訊息往來動態、眼球移動所反映出的注意力集中方向、穿戴裝置所蒐集的脈搏血壓等生理資訊、個別 GPS 裝置下的行車軌跡、消費者線上評論的文字等，傳統上不易取得乃至無法取得的數據（或者趕流行的話，也可以把它們稱為大數據），當今都可輕鬆追蹤、蒐集，而後進行分析。

從這些多元而大量的數據中，可以分析出過往難以捕捉到的變數關聯性，以及各種行為型態與分群，藉此「看」出一些隱藏於表象下的行為脈絡、情境型態，從而有所本地進行與顧客體驗直接相關的價值創造。本書下一章，將詳細討論數據驅動的價值創造槓桿。

（2）右腦相關的「看」：設計思考

日本設計師原研哉在其著作《設計中的設計》裡曾提及，設計以理解為前提。根據他的說明，能給事物下定義，或者能以文字描述該事物，都不能反映真正的理解。根據他的詮釋，只有將已知的東西未知化後，嘗試挑戰其真實性，才可能在「見山不是

山」之後取得「見山又是山」的洞見。西方設計界殊途同歸地有類似看法，並且更爲系統化的發展出「設計思考」方法論。設計思考是一套以人爲本、以解決問題爲出發點，由「看」而「做」的方法論。90年代起，這套方法論逐漸被引入商業應用領域，協助企業理解顧客、掌握情境、改善現狀、迸發新創。設計思考以人爲本，所以強調從使用者角度看事情的同理心；以解決問題爲出發點，所以看重實驗、學習與快速迭代。

簡單地說，做爲一套方法論的設計思考，主要涵蓋「理解」「發想」和「創造」等三個首尾相連的階段。理解階段，注重觀察，透過源自人類學田野調查的深度觀察方法④，由事實而詮釋，掌握與人相關的事象背後深層的脈絡。

在理解的基礎上，隨後進入發想階段。這個階段的重點，是透過團體動能刺激出大量的多元發想，而後透過系統性的分類、篩選、重組，逐步收斂出問題解決方案的概念。藉由收斂概念，進入創造階段。這個階段則強調以視覺化、可快速修改的原型（prototype）製作，進行溝通與迭代實驗改善，從而提出一個已實證過的方案。

---

④：如以田野研究呈現社群或個人行爲背後經濟性、社會性、文化性詮釋的民族誌（ethnography），又如針對物件的物理性、地理性、文化性、美學性、社會性等各角度，挖掘物件創造與使用脈絡的物件分析（artifact analysis）。

（3）連結左右腦的理解：顧客旅程地圖

顧客體驗常常決定於連續時間裡若干階段的體驗歷程，而不只是發生在一個特定的時間點上。如果要深度地理解顧客、分析顧客體驗，那麼由前述以人爲本的設計思考方法論實踐中衍生出的顧客旅程地圖，是新興而應用漸廣的一種方法。

顧客旅程地圖一如行銷實務的傳統智慧，都從市場裡的顧客分群出發。與傳統行銷實務經驗導向的顧客分群有別者，是顧客旅程地圖綜合質性與量化數據，界定名爲「人物誌」（persona）的顧客分群，並且透過實際田野調查資料，以具備代表性的個別真實顧客爲該分群代表，透過他／她的人口統計、態度等變數來立體描述該人物誌（一個人物誌代表市場上的一個顧客分群）的詳細背景。隨後，顧客旅程地圖方法結合人物誌與情境分析，透過質性與量化的變數，有系統地記錄顧客在某一產品或服務使用場景所經歷的行爲階段、接觸對象、操作介面、感知與情緒。這

一段精要的顧客旅程地圖製作環節說明影片

樣的記錄常在二度空間上，將各階段的變化循著時間軸，視覺化地展開、描述。

（4）連結左右腦的理解：易用性測試

易用性關係到環繞顧客體驗的系統，是不是易懂易學、是不是簡單不費事、是不是每次都有一致體驗、是不是不容易出錯等問題。易用性測試從顧客使用系統的角度出發，方法包括在實驗室裡讓受測者實際試用系統並即時問答給出回饋的質性研究、同樣在實驗室裡運用腦波儀或眼動儀的數據判讀、專家施行量表評估、直接訴諸市場的A／B測試等，涵蓋質性（右腦）與量化（左腦）方法。這些測試的目的，都在透過測試結果進行漸進式的改良，完善顧客體驗。

第二章

數據驅動的
價值創造槓桿

大家都愛大數據

在前一章中,我們討論了數據在經營顧客體驗上的重要性。我們看到,數據能撐起一個企業理解顧客、掌握機會、優化顧客體驗的半壁江山。

不久前,產官學各界做興高談「大數據」。種種熱鬧中,有的擺擺譜,有的練功力,有的練嘴皮子,更多是霧裡看戲。

根據可當成「大數據」應用範例的Google Trends顯示,歐美大眾對於「big data」一詞的興趣,大約在2011～2012年間開始暴增。至於繁體中文世界裡我們現在所稱之「大數據」三字,則待2013年後,開始見到不斷騰高的搜尋量。

在細說數據分析或流行的「大數據」之課堂上，常會提及被視為公共衛生先驅的英國內科醫師約翰‧斯諾（John Snow）。1854年，倫敦市中心蘇活區爆發霍亂流行期間，他以詳細標示病例發生處的蘇活區市街地圖，說明病例多集中於公用抽水機所在地附近。斯諾醫師因此推測，這類抽水機從做為汙染源的泰晤士河取水，是霍亂散布源。彼時他這般透過數據的視覺化呈現，明確地導出強有力的假設（即「公用抽水機是病源」），促使當局移除部分可能是病源的公用抽水機。時隔逾一個半世紀，數位環境與分析能量的快速進展，更讓數據的威力浮上檯面。馬雲透過旗下的諸多平台，理解到「數據科技」（data technology，DT）在未來勢將翻天覆地，驅動中國躍至「現代化」的另一個新階段。因此，他提出「DT取代IT」的大膽預言。

另外，低調耕耘數據者則如美國中情局（CIA）。這個情報機構旗下的非營利性質風險投資公司In-Q-Tel，多年前便大幅投資名聲不響、功力很強的數據分析公司Palantir。Palantir創於2004年，擅長整合來自各方面的海量資料，發展精進演算法，解決多元問題。透過相關的數據技術，這家公司發展防偽、網路安全、藥品研發、危機監控與反應、投資市場分析、法律執行、保險分析、國防情報等方向的應用。2016年春天，Palantir估值據說已超

過240億美元。

　　幾年前倫敦交響管弦樂團灌錄了一張名為「Iamus」的現代音樂唱片。這件事的有趣之處，在於整張唱片的譜曲是透過既有音樂素材的「大數據」分析，由演算法自動生成，沒有人為介入。也就是說，**倫敦交響管弦樂團灌了張百分之百由機器生成的現代音樂唱片。**

　　落實到一個社會裡的生活各方面，數位時代開啟了許多過往緊閉著的「數據潘朵拉」。在過去，如一個城市一天裡具體的車流狀況、各路段尖峰時段、造訪該城市的外地遊客都去了哪些地方、一年中哪些時候情侶或夫妻最容易吵架鬧分手、過農曆年時大家幾點吃年夜飯幾點上床睡覺，這些問題傳統上要不是需牽動大量資源才有辦法估計，就是壓根找不到稍微有點準度的衡量方法。而現在，靠著智慧型手機上的各種行動應用和社交平台的後台數據蒐集，這些問題都可精確地被回答。

體驗一段Iamus音樂吧！

　　除了趣味目的的分析之外，數位經營者所掌握的綿密、準確的線上行為數據，就是其關鍵資產。以京東發展數位金融業務為例，如「京東白條」這樣的貸款服務，本質上並不是如傳統般從人口統計變數出發對人進行授信，而是**從線上行為數據出發對網路 ID 進行授信**。透過京東做為中國最大自營電商所積累的大量數據，該金融產品的貸放利率低於信用卡，而違約率據稱則比一般信用卡還低。

謬思的煩惱

<u>no.</u>

he said.

"no," he said.

"no," i said.

"i know," she said.

"thank you," she said.

"come with me," she said.

"talk to me," she said.

<u>"don't worry about it," she said.</u>

　　這幾個句子湊在一塊，頗有幾分現代詩味的荒原感。創作者大家都熟，或者說大家其實也沒那麼熟──「他」叫做 Google。更精確地說，這首詩，是由名為 Google Brain 的 Google 人工智慧專案團隊，透過餵食上萬冊文本（包含將近三千本羅曼史小說）進行深度學習後以演算法所產生。首尾兩句部分，是研究者人為給定的句子（底線為編輯端所加入的）；中間的幾句，則由人工智慧在前述的文本訓練後所完成。在這樣的文字遊戲裡，系統要求所產生的

每一句都與前後句意義相連，首尾相應，並使得開始到結束間的句子，具備平順而符合文法的脈絡。

看來，比較偷懶的詩人，也面臨失業危機了。我們再欣賞另外一首。

he was silent for a long moment.

he was silent for a moment.

it was quiet for a moment.

it was dark and cold.

there was a pause.

it was my turn.

數據的來源

非數位原生的企業，在「數據化」企圖中的第一項挑戰（常也是最為嚴峻的一項），是**讓與經營攸關的數據得以數位化、豐富化**，因而可供直接分析、應用。這樣的挑戰，又可細分為**既有數據的清整與連結貫串**，以及**直接或間接透過數位建置蒐集過往無法蒐集的數據**等兩大項。

管理再怎麼上軌道的非數位原生企業，只要碰到較大規模、之前不曾執行過的新數據分析任務，都必須花費比一般想像來得艱鉅的人力與時間資源，進行相關既有數據的清整和連結貫串。一個跨國營運的 B2B 企業，單單要把不同市場裡不同語言官網 log files 的欄位定義、產品的分類層級、各種線上內容的屬性等項目，清整貫串至可進行全公司跨國線上造訪數據分析，便已曠日廢時。一個連鎖零售商，欲進行「建模」動作前，很可能必須將歷史商品資料庫裡各種季節性商品（如抱枕、服飾等）的多維商品屬性逐件仔細定義，分析才有意義，但業者通常沒有夠格的人力、時間與預算，來進行這類逐件定義的純手工活。一家金控公司，要讓各種炫目的金融科技應用具體發功之前，必然面對的是

打通原來各事業部門龐雜資料的基本功——不蹲這種媒體不會報導、股東不會稱讚的基本功便直接要去接枝新金融科技應用，就好像還沒打地基就硬生生要將新樓房蓋在沙地上般荒謬。但要蹲那基本功，單單時間方面的花費，便無法以月、以季度計，而需要好幾年的硬功夫去打地基。

即便是新創事業，一旦面臨數據稀缺而沒有捷徑之時，仍然得花功夫打地基。中國的中馳車福，是一個標榜一站式配件採購的汽車配件 B2B 新創平台，企圖解決傳統上原廠高價壟斷提供汽車配件、一般修車行偽品充斥的現象。平台創設之初，就面臨車業即便是同一車型，因為年分與排氣量的差異，許多配件也因此不同的現實，以及中國市場的汽車配件數據零碎且殘缺之現實挑戰。經營之始，曾任聯想集團副總裁的平台創辦人，決定以最原始的方式，倚靠大量人工蒐集零配件資料、進行車型比對匹配。據稱花費 8000 萬人民幣，以兩年時間才初步建構起可驅動該平台的數據庫。但若這數據庫粗具規模，它便成了策略理論中資源基礎學說所謂的「稀有」「難以模仿」與「持久」的關鍵競爭資源。

一旦搞得定企業「既有」的各種數據，以數據驅動經營的下一步，很自然地是直接或間接透過數位建置，蒐集過往無法得到

的數據，以豐富可分析的數據，擴大數據分析的價值。當今最常見者，如企業發行各種行動應用，只要安裝特定app的用戶願意授權讓它蒐集傳輸相關數據，企業便可透過智慧型手機上的GPS、加速度感應器與陀螺儀等裝置，全天候蒐集用戶的地理與物理數據。以中國近年的「微信搖電視」應用為例，透過微信應用所連結的音頻辨識技術，用戶收看參與合作電視台的節目時，開啓微信「搖一搖」功能，一旦搖晃手機，後台即能從背景聲音中辨識出用戶目前所收視的頻道，導入相關頻道客製頁面，在手機上進行各種與節目相關之互動。2015年中國央視春晚，晚間10點30分開始進行「搖一搖送紅包」活動，微信總共被搖72億次，最高紀錄1分鐘8.1億次（晚間10點34分），微信也因此送出1.2億個紅包。**就數據面的意義而言，「搖一搖」這樣的行為，挑戰了傳統小樣本、難以精確的收視率調查，並且蒐集到更詳細的節目收視戶地理、行為、社交、人口之相關數據。**有了這樣的數據蒐集利器，在龐大用戶基礎上，騰訊自然便將「搖一搖」擴大到零售、廣告等應用領域。

此外，還有各種擴大數據維度的可能性。如數位應用服務Premise，透過向特定地點的用戶發布特定調查需求，由用戶透過手機照相功能，將所欲調查的項目（如超市商品的標價、道路交

通的狀況等）拍照後回傳以換取小額現金報償，實現了眾籌方式的數據蒐集。這些數據的買者，包括世界銀行、彭博新聞社等。

對於「數據還可以從哪來」這問題回答的想像力，決定了數據的豐富度與數據的價值。**將他人不曾想像過可以有關連的數據湊合在一起，就可能是一個有意義的數位新創事業。**

以美國的Kabbage為例，它是一個面向中小型網商的商業預付款貸款服務。其特殊之處，在於綜合運用電商（如亞馬遜、eBay）、物流（如UPS）、社交（如Facebook）等數據，透過對於貸款戶經營歷史、銷售狀況、社群媒體活動情況的分析，做出核貸決定。UPS曾投資Kabbage，讓Kabbage得以取得並分析貸款戶的快遞相關行為數據。同一時期，Kabbage推出SocialKlimbing機制，鼓勵欲貸款的網商將其Kabbage帳戶與其Facebook、Twitter等帳戶連結，採擷銷售數據以外的社交數據，並據以綜合計算貸款戶的信用分數。藉此，平台幾分鐘內可以核定最高10萬美元的融資。

而即便是年輕一代網民常尊其為「大神」的Google，為了稀缺數據的蒐集，有時也必須費時費力地迂迴前行。2007年，Google推出名為Goog-411的電話查詢服務，用戶撥打電話800-GOOG-411或877-GOOG-411（即800-466-4411或877-466-

4411），即可透過語音識別爲基礎的程序免費，查得商家電話號
碼。此一服務因此大幅取代了美國原有的「411」收費查碼電話服
務。2010年，Google卻又關閉了此項服務。一般相信，Google在
三年多的時間裡免費提供這項服務，主要目的是蒐集海量的語音
數據，藉以開發如後來Google Now一類的應用。

德意志電信（Deutsche Telekom）
透過一個遊戲蒐集公益數據的有趣案例

Kabbage的官方簡介短片

小烏龜模式開啓新的一天

在海量資訊的情況下，雖然數據相關的演算法是人為的，但卻沒人有辦法完全掌控演算法運作下的社會互動結果。

2015年9月3日，中國在北京舉行「紀念中國人民抗日戰爭暨世界反法西斯戰爭勝利70週年」大閱兵儀式。當天上午，中國中央電視台的多數頻道以及各地方電視台都實況轉播閱兵進行過程。上午10點29分，台灣歌手范瑋琪以「小烏龜模式開啓新的一天」為題，在新浪微博上貼出雙胞胎嬰兒在地上爬行的照片。沒想到發文後即引來一片排山倒海的負面回應，如「別的明星都在秀國家，而你們還在秀孩子」「別人都在看閱兵，你在幹什麼」「今天都在曬閱兵，台獨你曬兒子」。范瑋琪後來只得在微博上道歉：「真是對不起，因為分享了一張兒子的照片，讓大家不高興了。」

根據新浪微博的官方數據，這事件中負面發言者的評論時間、發訊地點、年齡、學歷等人口統計變項，與微博用戶的狀況約略一致（因此不像是所謂五毛黨或水軍所為），但絕大多數不是范瑋琪的粉絲。

比較可能的原因，是當時所有其他中國名人的微博發文都與閱兵有關，而范瑋琪貼圖與粉絲互動，引發某些人的違和感，這違和

感促發之回應層層透過社交媒體擴大聲量，讓相片貼出後登上新浪微博的熱門推薦榜。

在榜上清一色慶讚閱兵的和諧聲中，這「雜音」因此格外鮮明，而把更多原來可能連范瑋琪都不熟的微博用戶吸引進來，人云亦云補上一腳加以撻伐。

這類數據與社群交織作用下的放大擴散效果，是很另類的數據產生機制，但未來卻會越來越常見。

數據的分析

數據來源界定妥當、完成清整與貫串之後，接下來便是數據分析的重頭戲。過往行銷人員常習慣以數據類別中傳統較易取得的年齡、性別等人口統計變數進行客群區隔，但**在多維數位數據來源的情境下，演算法常能藉由大量行為數據，提煉出更攸關的洞見**。即便是最基礎的顧客分群，各種業界分析實作都已證明，傳統的人口統計變數，在區隔效度上遠不若行為面變數。晚近，**機器學習**更成為很受歡迎的數據分析取徑。以 Facebook 為例，過去憑藉一套名為 EdgeRank 的演算法，讓用戶時間軸上動態消息的排列，由發文者與接收者間的親近程度、發文內容的類型、發文迄今經歷的時間等因素決定。2013 年起，EdgeRank 則由據稱涵蓋逾 10 萬個變數的機器學習機制所取代。

一如前述的數據蒐集，數據分析的功力同樣是需要耗時修練的苦功。近年已在兩百個左右國家營運的線上影音訂閱服務 Netflix，之所以能在這麼多品味、偏好各殊的市場裡，從零開始累積用戶、經營用戶，關鍵是其長久以來建置、優化的**影片推薦系統**。用戶觀看完影片，給出 1 到 5 分的評價，久而久之一個用

戶累積出對於一系列影片的評價。Netflix 便透過演算法，挖掘出市場中與該用戶（由評價反應出來的）興趣類似的用戶，還對什麼樣的片子給過高評價，依此推薦給該個別用戶。Netflix 曾釋出過部分用戶評價數據，藉以舉辦一個公開競賽，該競賽的目的，是發展出能將其推薦系統準確度提高 10％的新演算法；獎金高達 100 萬美元。10％的預測精準度提升，行外人看來可能覺得沒什麼大不了，但全世界最厲害的高手衝著高額獎金，著實花了將近三年時間，才有一個結合好幾方高手的團隊達成目標、取得獎金。從這裡不難看出「大數據」神話背後，真正的數據分析與演算法的發展，都是辛苦活。

在該次公開的高額獎金競賽後，Netflix 便不斷蓄積內部數據分析能量。時至 2014 年年底，Netflix 一名相關高階主管表示，他們以每年 1 億 5000 萬美元的預算，透過一支 300 人的專責團隊，專責維護並發展這套做為競爭利器的推薦系統。之所以這麼看重這數據分析的本事，實因歷史經驗顯示，**推薦系統上對於用戶偏好預測在精確度上若能取得微小提升，就能在營收上造成顯著的增加**。①

Netflix 百萬美元獎金得主的參賽歷程簡述短片

---

①：有趣的是，對於過去不曾經營而準備開始經營的市場（如 2016 年初的台灣），Netflix 自然沒有用戶觀影行為資料。但為了提供攸關各新市場口味與偏好的影片，Netflix 拐了個彎，透過擷取其他盜版網站上用戶既有的影片下載紀錄，進行分析。

數據的應用

數據的應用可粗分為兩大類。第一類，是**透過更豐富的數據、更細緻的分析，優化既有的運作**。第二類，則是**透過新的數據整合型態，結合上新的數據分析取徑，導引出新的服務或產品**。這兩種類型，其目的都指向本章標題裡的價值創造。

依據這樣的分類，廣義的「自動駕駛」，便可分為結合各方資訊源，導引駕駛與環境因素協調的「協調型」（廣義）自動駕駛，以及以雷達偵測路況的「自主型」（狹義）自動駕駛兩型。本田汽車長期以來在車輛導航方面的數據經營，便屬於前者。1981 年本田汽車於日本導入彼時獨步全球的車載電子導航系統，而後數十年間不斷升級其隨車導航服務。自 2002 年起，本田開創了名為「Internavi Link Premium Club」的新一代聯網導航服務。從那時起，本田一面蒐集數百萬部車長時間運行的數十億公里行車數據，一面透過這些數據的整理與分析，提供涵蓋結合即時交通資訊的智慧導航、氣象防災情報、新聞等車主端服務。至於 Google 自 2010 年起開始的自動駕駛車研發計畫，則屬於前述第二類的「自主型」自動駕駛。藉由實驗車輛所配置的雷達感應、雷

射測距與照相裝置，2010年到2015年的6年間，Google的實驗車輛配合Google地圖上路，總共取得近百萬英里的實駕數據，透過這些數據逐步習得對各種道路交通狀況的即時應變。

除了自動駕駛之外，我們再來看看其他透過數據進行優化，以及透過數據推動商業新創的事例。

剛剛談車，而路上跑的車都掛著監理單位發放的牌照。日本停車場綜合研究所（PMO）的「PMO Parking Analyzer」服務，便透過牌照號碼數據的辨識與分析，針對附有停車場的大型零售服務業者，提供各項與來客資訊有關的行銷優化諮詢服務。這個服務透過停車場入場與出場時的車牌號碼，自動辨識來車登記的行政區，再於雲端進行數據分析，將相關的來客地理區、來客停留時間、VIP顧客來店即時通知等訊息，提供給合作的店家，方便零售業者優化顧客服務相關的措施。

日本軟體銀行集團的Softbank Mobile無線電信服務，早年常因基地台設置有限，讓用戶詬病其收訊不良。它花了幾年時間，透過種種數據的蒐集與分析，逐漸洗刷收訊不良的惡名。這些數據來源包括軟銀在2009年成立的數據公司Agoop。Agoop用各種方式蒐集數據，如透過發行氣象檢索、行動通訊速度檢測、加油站搜尋、拉麵店搜尋等app，在使用者同意的前提下，不記名地蒐

集使用者app開啓時的各項行為與地理數據。Softbank Mobile藉由Agoop每月超過10億筆消費者資料的大數據蒐集與分析，分析出自家基地台最應新設的地點，藉以優化服務，掃除過往一般人認為Softbank Mobile收訊不良的惡名，因而長時間在日本行動通訊淨增加用戶數的競爭上占據領先位置。此外，基於所蒐集到的數據，軟銀也向集團外的第三方需求者，提供人潮動態諮詢服務。

至於藉由數據啓動的新商業模式，則通常以數位原生事業的型態出現。我們先看看中國最大的旅遊社交平台「螞蜂窩」的例子。2015年時，這個線上平台用戶數超過8000萬。它以各種用戶創造內容的機制（從圖文並茂的詳細遊記攻略、海內外自助旅行的線上結伴、旅遊目的地相關問與答，到簡單的照片或短句發文），滿足龐大用戶群各種旅遊需求為主要發展軸線。身為自我定位為中國唯一有全球旅遊內容的網站，螞蜂窩透過用戶發文內容與閱讀行為等數據分析，進行用戶反向客製（C2B）的旅遊產品匹配，有效仲介、媒合旅遊商品提供者多元商品供給，與自助旅行者的異質性需求。

再如面向時尚流行產業的數據分析服務EDITED。EDITED透過網路爬蟲（web crawler）擷取全世界各種服飾流行相關網站的公

開數據，並經由機器學習，理解所爬回數據的真正意涵。2016年
春天，它蒐集了超過3億7000萬個市場上流行服飾「最小存貨單
位」（Stock Keeping Unit，SKU）的數據，並以每週約50萬個新
SKU的速度成長。一旦EDITED辨識出一個新SKU，即會每天追
蹤該SKU的各種變化。透過EDITED所提供的諮詢服務，流行服
飾業者得以掌握所關注市場內過往難以系統化追蹤的競爭動態，
並藉由精確即時的數據，優化與自身業績息息相關的品類管理、
價格管理、促銷規畫、流行趨勢追蹤。

數據是組織的核心能力

　　數據，可說是數位環境中現代化、合理化經營的關鍵燃料。
它既是各項數位槓桿應用的起點（憑藉數據規畫顧客經營、優化

EDITED官網

顧客體驗），同時也是目的（蒐集更多更攸關的數據，藉以進一步經營顧客）。**數位場景裡各項數據的累積、沉澱與資產化管理，因此成為組織邁向數位經營的核心能力。**

既然它是核心能力，組織當然便應嚴肅地從策略層面，而非僅在技術層面去經營數據能力。例如迪士尼，近年來在直接面向遊樂園遊客方面，透過Disneyland app和MyMagic＋手環等建置，提高遊園者的體驗，並大量蒐集過往難以取得的個別遊客行為數據。做為一個娛樂企業集團，迪士尼的數據方面努力遠遠不僅於此。2008年，迪士尼研究中心Disney Research成立，在洛杉磯、匹茲堡、蘇黎世等地透過自辦或與大學合作，進行一系列數位環境中「娛樂」主軸相關的電腦繪圖、影音處理、影像辨識、機器人、無線通訊、人機互動、材料科學、行為科學、機器學習與最適化等研究。透過如研究遊樂園遊客臉部辨識、動畫製作成影細節優化、自動化動畫處理、運動相關行為軌跡與數據圖像化、機器人輔助服務、虛實經驗整合等專案，短期間提高用戶滿意度，長期間累積數位能量。

除了新創的組織外，近年迪士尼並在企業治理層面也因應數據化經營的需求，邀請包括Facebook營運長雪柔・桑德柏格（Sheryl Sandberg）、Twitter和Square的聯合創始人傑克・多西

（Jack Dorsey）、BlackBerry 執行長程守宗（John Chen）等異業先驅加入董事會。

　　把目光轉到運動服飾用品戰場。在這個目前由 Nike、Adidas、Under Armour 三足鼎立的競局中，各方無不積極嘗試各種數據驅動、提供更好的用戶體驗，並且也因此獲取大量數據的數位服務。這其中，自十餘年前起即透過 Nike ＋，試水各種連結可能性的 Nike，發現 Nike ＋的用戶比其他 Nike 顧客多花一倍預算購買該品牌產品。Nike ＋讓 Nike 可替使用其穿戴聯網裝置的用戶，計算每個人的「運動公里數」（Nike Fuel）。如一般忠誠會員計畫一樣，Nike ＋的運動公里數共以9種顏色之設計，將會員分成9級：從0～49公里的黃色，一直到超過15000公里的閃電級。用戶因此受到升級的激勵，而被強化了使用 Nike ＋的動機。另一方面，透過這樣蒐集到的數據，Nike 也開始嘗試驅動一對一行銷。如其「超越你」（Outdo You）專案，透過 Nike ＋所回傳的數據，辨識出北美地區最活躍的10萬名會員，再根據他們的運動數據客製「一對一」型態的廣告，拉近與這些活躍會員的關係。大約同時推出的 Nike ＋ Running 服務也與音樂串流服務商 Spotify 合作，讓使用者輸入跑速目標與音樂類型偏好，即得到客製化的百首歌曲歌單，供隨跑隨聽。

於此同時，Adidas開發 MiCoach 個人運動教練服務應用，並推出如 Smart ball，X-cell，Speed Cell，Heart Rate Monitor 等感應硬體。而 2013 年起在北美市場擠下 Adidas 成為第二大運動用品品牌的 Under Armour，對於數據經營更是全力以赴地開展。其旗下的 UA Record app 採用 IBM 的華生系統，記錄運動與其他生理活動，並進行個人化的線上隨身健身指導，再透過收購針對跑步、行走與騎乘的規畫與追蹤的應用 app MapMyFitness、個人化運動管理教練與社交健身追蹤應用 app EndoMondo，以及有超過 500 萬種食物的資料庫、提供卡路里計算、餐飲規畫與營養管理諮詢的 MyFitnessPal 等，建構起活躍用戶數逾 1.5 億的「互聯健身」（Connected Fitness）線上社區。這些圍繞著數據的做為，並不僅為了技術創發，而是為了**數位轉型**。反過來說，Under Armour 現在數位轉型與新產品開發的驅動力，都來自龐大的會員數據。

一系列 Disney Research 研究專案的相關短片

Under Armour 的 Connected Fitness 簡介影片

第三章

舉重若輕的
價值溝通槓桿

眾聲喧嘩

　　透過身邊各種傳統與數位的訊息接觸點，普通人現在一天接收到的品牌溝通訊息，相較以往多出不知凡幾。然而數位時代裡的個人，訊息接觸的實象，常是「迴聲室效應」（echo chamber effect）、「韋伯定律」（Weber's Law）和短暫關注的結果。

　　迴聲室效應，指涉立場、視角相近的意見在一個相對封閉的體系裡不斷重複、互動、放大，因此讓同樣身處該體系中之成員產生錯誤認知，以為接收到的意見走向是普世認同的。社交媒體發展下，演算法不斷推送使用者有興趣的訊息、屏障與使用者意見相左的訊息，於是便產生明顯的線上迴聲室效應。

　　除了迴聲室效應之外，眾聲喧嘩的線上環境裡，各種溝通企圖還面臨「韋伯定律」的挑戰。19世紀，德國實驗心理學者韋伯（Ernst Heinrich Weber）發現，**當人的感官受到持續性刺激時，若再加諸同類型的額外刺激，這額外刺激能否被感受到，取決於額外刺激量與原刺激量間的比率，是否超過一特定常數。**此一發現及其相關的數學式呈現，後世稱為「韋伯定律」。如若手捧1公斤砝碼時，若僅微幅添加1、2公克的重量，很可能完全沒有變重了的感覺，也許要添加50公克以上（原重量的5%以上），才會感覺到重量加重了。相對地，若手捧5公斤重物，則添加50公克時應不會感受到差異，要成比例地增加到約250公克（5公斤的5%），才會感覺到重量增加。

　　此外，微軟不久前在加拿大對兩千名受測者進行實驗，透過腦電圖（Electroencephalography，EEG）的觀察，發現在當今多屏、串流的數位環境中，人們關注一則訊息的時間平均僅有8秒鐘，比金魚受到外界刺激時的平均9秒鐘注意長度還要短。

　　在這些背景下，經營者面向顧客與潛在顧客的各種溝通，因此：

（**1**）必須突破迴聲室效應；

（**2**）需要形成足夠強烈的差異才會被注意到；

（**3**）即便訊息能被溝通對象注意到，還需要能延長溝通對象極為短促的訊息注意時間。

這三者共同形成了數位環境中價值溝通的障礙。而本章所討論的價值溝通槓桿，最重要的作用便在於四兩撥千斤地突破這一系列限制因素。

短期重點：讓內容「跳」

稍微有點年紀的台灣讀者，應該都記得若干年前「第四台」時期，購物頻道裡見到的「貴夫人」「第一夫人」系列果菜調理機產品。當時在螢幕前，這些品牌的創辦者一面說明產品獨到之處，一面示範一般果菜機可能做不到的各種堅硬、粗纖維蔬果調理。舌燦蓮花唱作俱佳之下，鏡頭前的演示，在當時幫這些產品取得了相當亮眼的銷售成效。

　　時至數位時代，出身自美國猶他州的食物調理機品牌Blendtec，則與時俱進地詮釋如何不用巨額頻道費用支出，僅透過一系列YouTube影片，就能舉重若輕地突破前節所述各項溝通障礙，低成本地打開知名度、說服消費者、拓展銷售額。自2007年起迄今，Blendtec的創辦人湯姆・狄克森（Tom Dickson）持續在YouTube上以「打得碎嗎？」（Will It Blend?）為主題，示範其食物調理機將半隻雞、高爾夫球、大理石、蘋果產品（如iPad與iPhone等）系列硬物一一絞碎。這些影片，創造了高達百萬乃至千萬次的點閱量，同時也讓Blendtec食品調理機的非凡刀力深植人心。相對於一般果菜機品牌以巨資在電視頻道上進行的蔬果調理示範，Blendtec這個「打得碎嗎？」系列短片獨到之處，在於它**次次的內容都讓人「意想不到」**。

　　2015年初，超級盃美式足球賽總決賽當晚，沒有購買電視廣告的VOLVO汽車，發動了一場幾近完美的「偷廣告」活動，「偷」了當晚球賽轉播中其他各大車廠共花費6000萬美元預算製播的電視廣告。怎麼偷呢？VOLVO在賽事之前，讓大眾知道它將辦個「發推文送新車（VOLVO XC60）」的活動。在此活動中，參與者每逢球賽電視轉播中間其他品牌汽車廣告出現之際，在推特上以VolvoContest為記號發文，簡述他（她）認為熟人間誰最合

適贏得一台VOLVO XC60，就有機會參賽，讓那名被指名的熟人真的贏得一台VOLVO XC60新車。同樣由於其「意想不到」的創意，讓這活動成功地「偷」到大量的注意，以小搏大、舉重若輕地運用了數位溝通的槓桿。

2014年世界盃足球賽的十六強晉級賽中，有一場烏拉圭對義大利的賽事。進行到下半場，兩隊仍以0比0的比數僵持著。比賽進行到79分鐘時，烏拉圭前鋒蘇亞雷斯（Luis Suarez）在禁區裡狠狠對著義大利後衛基耶利尼（Giorgio Chiellini）的肩膀咬了一口。全世界足球迷透過電視螢幕見到這驚天一咬後沒多久，各品牌便開始在推特等社交媒體上各取所需，借題發揮。例如Johnson & Johnson旗下的李施德林漱口藥水，比賽當時在倫敦與紐約都設有線上新聞因應團隊，於是很快地發了一則推文：「我們建議，咬完義大利人後應該漱口。」（We recommend a good swish after grabbing a bite of Italian.）

其他品牌也沒有閒著：

VOLVO「偷廣告」簡介影片

- 穀片品牌Cinnamon Toast Crunch馬上發推文：「只有肉桂和糖做成的東西才該去咬它。」（Biting is only okay when you're made of cinnamon and sugar.）
- Trident口香糖的推文則是：「嚼Trident，別咬足球員。」（Chew Trident. Not soccer players.）
- Sneakers巧克力的推文更是直指核心：「嗨@luis16suarez，下次肚子餓時找根Sneakers。」（Hey @luis16suarez. Next time you're hungry just grab a Snickers .）

這些推文都得到不錯的擴散成效。發文的品牌，求的是**搭著熱門話題，透過創意，引發共鳴**。

再談一例類似的狀況。中國女明星范冰冰有超過3300萬微博粉絲，不少中國粉絲很關心這位大齡天后的戀情。2015年5月29日上午，她傳聞中的戀人李晨，首先在新浪微博上發布了一篇只有兩字的博文：「我們」，並附上與范冰冰的自拍照。一分鐘後，范冰冰轉發了這則微博。不到12小時，這意想不到而引發關注的博文吸引了超過2億次閱讀量，「我們」這關鍵字的微博話題搜尋也超過140萬次。有趣的是，這篇微博發布的前一天，范冰冰才宣布替聯想MOTO X手機代言，這則博文很自然地引發手機宣

傳聯想，所以網友們戲稱：「有一種宣傳期叫李晨范冰冰；有一種愛叫#我們#攜手掙廣告。」此外，自拍照上范冰冰戴著的，是她所代言的Rebecca假髮；而范冰冰隨後也在微博上問粉絲，要粉絲猜猜她自拍照裡用的是哪兩種L'Oreal唇膏。

　　除了上述一則博文所連帶設計擴散出的「一石三鳥」代言效果外，因為這件事一時間吸引了太多人的關注，其他品牌也就紛紛搭順風車「駭」進此事件，企圖引發共鳴。其中反應較快、標題較有趣者包括：

・杜蕾斯。標題：「冰冰有李」。范冰冰轉發原微博9分鐘後即刊出。

・剛剛「成親」不久的滴滴打車和快的打車。標題：「我們」。范冰冰轉發原微博20分鐘後即刊出。

・美的空調。標題：「李有冰冰，我也有冰冰！」范冰冰轉發原微博28分鐘後即刊出。

・麥當勞。標題：「冰，牛！」范冰冰轉發原微博48分鐘後即刊出。

・習近平夫人彭麗媛的「麗媛粉絲團」，也在不到兩小時內，以#我們#為標題，刊出習近平與彭麗媛曬恩愛合照。

以上這些不同市場裡的例子，都是在跳脫框架的創意之下，創造或運用夠「毒」（也就是夠鮮明到能有效吸引注意）的內容，讓各種品牌能以低成本（甚或零成本）廣為散布訊息，因此產生傳播槓桿作用。這類舉重若輕的傳播，槓桿作用的支點在於創意能量。而實踐的過程中，夠「毒」的內容，基本上都有**因為意想不到所以引發注意、因為融入生活所以引發共鳴、因為內容的呈現精緻專業所以接收者容易吸收、因為色彩鮮明所以接收者較願意分享轉傳**等特色。

長期重點：持續練兵

數位傳播的槓桿，如上所述，有賴各種「意想不到」「引起關注」「引發共鳴」的創意做支點。至於創意這碼事，當然不能像孫悟空一樣從石頭裡迸出來。創意是日經月累練出來的；快速變化的數位時代，尤其如此。

VOLVO「偷」其他品牌汽車廣告的創意，在台灣大概很難看到。那創意背後是份「膽識」——有膽也有識。必須有足夠的

自信，才能開這大玩笑，也要對美國市場中的社群媒體生態瞭若指掌，才可能有那份自信。這樣的創意，必然是長久操練下練出來的。而杜蕾斯在范冰冰線上曬恩愛後，才9分鐘時間便在社群媒體上對焦跟文，當然也是長久練出來的線上傾聽、即時創作的功力。熟悉中國線上傳播市場者，都知道杜蕾斯此舉不是特例，身爲一個品牌，近年來它有一系列夠毒的社群傳播傑作，以小搏大，讓這一般說來屬於有些尷尬品類的品牌，始終能在中國中產階級市場上保有持續、獨特而讓人不得不注意的聲量。

再舉一個持續練兵、迄今已可算是經典的價值溝通例子：英國John Lewis百貨的耶誕廣告。從2007年開始，每年John Lewis會拍一支製作精細，帶著基督教文明裡「Christmas spirit」內涵的短片放到網路上。早年這些短片並沒有引起特別的注意。但幾年之後，這件事慢慢竟成了傳統，受到越來越多人矚目。近幾年，英國媒體甚至在11月初，便紛紛猜測月底時YouTube上架的John Lewis耶誕廣告會是什麼內容。2015年的耶誕短片以「月球上的人」（Man on the Moon）爲題，從11月底上架到耶誕假期一個月的時間，吸引超過2000萬次點擊觀賞。**這是貨真價實的數位槓桿** —— 如果以傳統買廣告的方式，在電視台要買到2 000萬次長達2分鐘的觀眾關注，絕對需要相當深的口袋；但在YouTube上，

關注的雙雙眼球都是免費的。比較 2007 年和 2015 年的 John Lewis 短片，後者就創意而言其實很難說比前者來得更突出多少。但從 2007 年不大有人注意時開始，John Lewis 耶誕季節數位溝通企圖的持續練兵，一年年下來逐漸累積起社會上的期待。再加上年年的訊息都具備意想不到、引發注意、融入生活、引發共鳴、精緻專業、容易吸收、色彩鮮明等夠毒、夠跳的條件，便創造出一個效果非常大、未來還將持續擴大的溝通槓桿。

就算沒有一鳴驚人的野心，各業經營者只要願意不抄沒有累積效果的捷徑（這類捷徑以各種贈品、抽獎等財物誘因為代表），長時間就算只耐心蹲一個點，也能把那個點蹲出些名堂。日本味之素的 AJINOMOTO PARK 網站，長時間提供分類詳細而清楚的食譜，日積月累之下便也有了超過萬種食譜。久之，就成為有食譜參考需求的主顧或非主顧線上流連之處。概念上，此即以促動顧客行為為目標，創造並傳播一致的、收斂的、有價值的內容，藉以用來吸引並維持目標客群的「內容行銷」（content marketing）。

立體溝通與品牌角色

　　約翰·加勒格（John Gallaugher）和山姆·蘭斯波森（Sam Ransbotham）兩位學者曾提出社群媒體上品牌溝通的「3M架構」。① 這架構以三個M開頭的英文字爲核心，分別是：Megaphone（麥克風）、Magnet（吸鐵），和Monitor（監視器）。他們以星巴克的各種社群經營做爲個案討論基礎。如表3-1所示，星巴克透過自有的線上共創新點子論壇My Starbucks Idea，社群媒體Facebook與Twitter，影音平台YouTube，打卡平台Foursquare，自營行動點餐支付系統Order and Pay，以及內容行銷載體Starbucks Digital Coffee Passport等多元管道，一方面掌握各種客群想法與動態，一方面聚攏人氣經營客群，另一方面擴大品牌的影響力。

John Lewis 2014年的耶誕短片的
整體溝通設計與具體成效

John Lewis 2015年的耶誕短片：
月球上的人

---

① ：Gallaugher, John, and Sam Ransbotham, (2010), "Social media and customer dialog management at Starbucks," MIS Quarterly Executive, 9(4), 197–212.

表 3-1：星巴克的 3M 溝通事例

	Megaphone（麥克風）	Magnet（吸鐵）	Monitor（監視器）
My Starbucks Idea	擴散顧客提供的新產品／服務建議、彰顯星巴克顧客導向的經營理念	分享顧客意見、形成忠誠顧客的線上社群、聚攏人氣	透過顧客意見及投票機制，掌握顧客需求與市場趨勢
Facebook	透過影音、文字，向粉絲持續溝通品牌價值	透過品牌攸關訊息提供與品牌鼓舞出的顧客回饋，經營品牌最大的線上社群	社群傾聽（social listening）平台。透過各種內容的按讚數理解相關大眾偏好
Twitter	即時行銷活動的推播	顧客以#記號進行即時攸關的稱讚、體驗乃至客訴訊息分享	快速掌握相關的即時脈動
YouTube	以自有頻道播映與品牌定調有關的影片與店內音樂相關的MV	透過成為顧客自製品牌相關影音集散中心，聚攏人氣	透過收視與影片意見回饋數據掌握大眾偏好
Foursquare	當會員在店址附近地區打卡時，推送即時優惠訊息	透過社會化遊戲（social gaming）鼓勵店點造訪與消費	透過打卡數據，掌握顧客的地裡面行為軌跡
Order and Pay	另一個客製化、一對一訊息傳輸與優惠提供的管道	提供流暢的客製化點餐體驗，讓點餐、支付、集點等行為於手機上無縫接軌	掌握個別顧客的即時地理與產品需求資訊
Digital Coffee Passport	聚焦在咖啡的知識遞送	店員（內部行銷）與顧客（外部行銷）的線上匯流處	透過使用瀏覽數據，分析店員與顧客的興趣與偏好

　　做為一個企業的小米，近期遭遇了成長的瓶頸，也因此引來相當多對於其經營策略的討論。然而若回顧2011年小米手機M1上市前後起的三、四年間，身為一個品牌的小米與其用戶間的熱絡關係，則同樣可以用前述的「3M架構」來加以詮釋。小米手機在那幾年裡，憑藉相當有限的行銷預算，在緊貼成本的訂價原則下提供高CP值產品，進而透過強勢產品，驅動用戶口碑擴散。這方面以環繞著MIUI作業系統發展的米柚論壇，以及後續成長茁壯的小米社區為核心，透過微博、微信等線上媒體為輔助，掌握小米愛好者「米粉」們的關切事項、聚攏「米粉」的人氣，一邊擴大參與感，一邊放大小米的影響力。幾年之間，強勢商品加上熱絡的線上社群連結，讓小米手機在中國手機市場裡的「屌絲」（意思與台灣慣用的「魯蛇」相近）區隔中，經營起為數龐大的用戶群。這一系列有中國特色（微博、微信等）乃至小米特色（米柚論壇）的社群媒體，同樣扮演了品牌的「麥克風」「吸鐵」「監視器」等「3M」角色。

　　這裡我們所談的立體溝通，甚至於不一定需要如同前面許多例子般，透過線上社交平台做為攻擊發起點。只要**主旨夠鮮活、內容夠跳，線下的動態自然會在線上擴散開來**。北京奧美曾為英

國政府策動一個「英國等你來命名」的大規模活動，邀請中國網友，對於還沒有適當中文翻譯的英國景點與特色命名。活動訴求透過命名的高涉入，引發參與者自由行造訪英國的興趣。活動發表會由英國駐華大使主持，大量運用非社群媒體的傳統管道刊登廣告，告知活動訊息。因為活動內容令人耳目一新，整個活動吸引了超過13000次的中文命名，估計超過3億人次接觸相關訊息。活動也產生了許多傳神有趣的譯名，例如倫敦著名高檔訂製西服街Savile Row被翻譯為「高富帥之路」，做為倫敦新地標的泰晤士河南岸窄椎型高聳建築The Shard被譯為「摘星塔」，蘇格蘭著名的羊雜傳統美食Haggis被譯為「涵肚生香」，而英國人嗜吃的青色Stilton乳酪則被傳神地翻譯為「青花香酪」。

　　這個活動的創意，建立在中國文化強調「名正言順」的文化基礎上。中國的網友發想這些美景趣事的名字時，自然便對於英國做為一個旅行目的地認識更深、更覺親切。命名者既然費盡心思，自然就主動在線上社交網路裡分享這些傳神的名字，而達到傳播效果。

「英國等你來命名」活動回顧短片

巴黎萊雅的聆聽 → 開發 → 溝通 → 聆聽

萊雅（L'Oréal）於1909年以有獨家專利配方的染髮劑起家。1930年代，推出無腐蝕性、較不傷髮質的染粉產品，更加鞏固其在染髮產品中的領導地位。2011年，萊雅旗下的巴黎萊雅（L'Oréal Paris）產品開發團隊，在YouTube等社群媒體上觀察到大量消費者在家DIY嘗試彼時興起的漸層染（Ombré）、紮染（Tie Dye）、潑染（Splat）等染髮效果。巴黎萊雅透過與Google團隊的合作，確定這其中漸層染（Ombré）的網路關注度最高且持續上升，遂決定開發一款方便消費者在家中自行進行漸層染的產品。透過對於YouTube上各種消費者DIY漸層染影片的解讀，巴黎萊雅開發團隊發現，在家中染髮的消費者，常需臨時以舊牙刷等替代品進行染髮動作。因此，巴黎萊雅在歐洲市場上市的Ombré家居漸層染套裝產品，盒裝中除了染劑外，還包括一款專門設計配合染劑使用，以達漸層染效果的梳子。

該產品2012年於歐洲初上市。上市之初，藉由歐洲著名的造型師Christophe Robin在15個國家進行15場名為「Ombrés World Tour」的公關展演活動，一方面在各地媒體前說明新產品施用的簡便與專業效果，另一方面也透過YouTube上的影片分享而成為高質

感、高專業度的「官方」使用說明。同時，巴黎萊雅在歐洲幾個主要市場裡，啟動虛實整合的大規模上市溝通活動。這些活動整合了線上意見領袖的試用與分享（也就是業界所謂的 seeding 動作）、針對相關關鍵字的搜尋引擎優化（SEO）、關鍵字廣告、展示型廣告，乃至於傳統的電視廣告、平面時尚雜誌廣告，以及傳統上視為「陸戰」戰場的店頭陳設支援等，立體地向目標消費群告知、說服與示範新產品的好用與易用。

因為產品融入了（來自各種線上觀察的）對於目標客群需求的深度掌握，溝通面達到虛實整合的密集告知與說服效果，因此新品甫上市便創銷售佳績。此外，由於對線上意見領袖聲音的看重，以及搜尋引擎優化的投入，產品上市後便在各社群媒體累積大量正面聲量，並在多個相關關鍵字上，取得搜尋引擎自然搜尋排序首位。而由此次操作所積累起的線上顧客意見聆聽能量，進一步促成了不同漸層染髮色衍伸性產品的後續開發。

簡言之，巴黎萊雅在這個案子裡具體演示了產品開發與管理方面，「聆聽→開發→溝通→聆聽」的正向循環效果。

Growth Hacking

　　「Hack」這個英文單字有各種詞性與語意。做爲動詞，可以是「胡亂劈砍」，可以是「開計程車」，可以是大家通常認得這字時所連結的「入侵電腦系統」。但是當它和成長（growth）放在一起時，Hack 指的便是「爲了達成目標而有效率地管理」。Growth Hacking，因此指涉「有效率地追求與管理成長」。後續我們將 Growth Hacking 以「駭成長」替換。

　　擔負駭成長任務的人被稱爲 Growth Hacker （以下以「成長駭客」替換）。根據首先提出成長駭客一詞說法的風險投資人尚恩・埃利斯（Sean Ellis）的定義，一個成長駭客骨子裡的不變追求就是成長，因此處心積慮地尋找各種成長可能性，實驗各種成長可能方案。

　　「駭成長」這樣的行爲和「成長駭客」這樣的角色，究竟追尋什麼樣的成長呢？答案很簡單：**客群質與量的成長**。而所謂「有效率」的成長管理，因此常常指涉透過各種管理手段，所經營出的低成本或快速度客群成長。客群質與量的成長，也就是第 18 頁圖 B 所示那缸水的水位（顧客數量）與水溫（顧客

關係）的提高。水位與水溫的提高，實務上常以如表 3-2 所詮釋
的AAARR架構來進行管理。

表 3-2：AARRR 五階段駭成長

階段	管理焦點	關鍵詞
新客引流 Acquisition	將潛在客源透過推、拉、傳、動等方式引入「釋」的階段	效率、自動化
行動促發 Activation	導引接受說服解釋的潛在客源成為用戶	用戶引導 （onboarding）
舊客留存 Retention	時時向用戶提醒、新創價值，黏住用戶	價值
口耳相傳 Referral	創造與管理對用戶而言值得傳、想要傳、容易傳的內容與機制	病毒（般傳播）
收益創造 Revenue	用戶經營的變現	物有所值

　　既然聚焦在客群，那麼即便在尚未「觸網」、沒人提「駭成長」一詞的前數位時代，商業市場裡其實已存在著「駭成長」的事例。例如二次世界大戰之後，美國州際高速公路網迅速發展，彼時初創的麥當勞便趁勢「駭」入公路系統，以交流道旁休息站的模式，在 1950 年代大舉展業。從這個例子我們看到，成長駭客追求駭成長的實現，一個關鍵因子是有無「可駭」（hackable）的環境（如前例中的高速公路路網）。

　　進入數位時代，追求駭成長的成長駭客道別傳統行銷模式，積極尋覓各種可駭的環境條件之餘，也藉由數據尋覓下一階段的成長可能。本章標題所謂「舉重若輕的價值溝通槓桿」，就在駭成長由數據分析導引創意規畫，由實踐創意獲取額外數據的迴圈中落實。在這樣的詮釋下，前面我們討論的 VOLVO 汽車，便是辨識出超級杯決賽轉播時他牌汽車廣告具備「可駭性」（hackability），於是發想出「偷廣告」這樣的創意，擴大了 XC60 車款的被認知與被認同度。同樣地，前述各民生用品品牌，也是敏感地嗅出世足賽中咬人事件的「可駭性」，立即以推特文輕裝「駭」入該事件，敏捷地追求品牌形象的差異與被認同。

　　談駭成長，一般會提到各種成功的線上服務，草創時紛紛「駭」著長大的案例。如早年風行的免費電子郵件 Hotmail，它在

用戶寄出的郵件下方安插的「PS：I love you. Get your free email at Hotmail」訊息，一般相信對於用戶的成長有很大幫助。流風所及，現今許多智慧型手機的郵件應用程式，也有樣學樣地串有「由XXX手機寄出」字樣。又如以「容量是Hotmail500倍」為訴求的Gmail甫推出時，採取用戶邀請制，每一個Gmail的用戶至多可以寄出50個邀請。依憑這樣的「稀缺＋社交」色彩，加以其功能上的優勢，Gmail便在全球擴散開來。再如Dropbox，採取類似「稀缺＋社交」的駭法，早期以等待名單經營稀缺性，後來則讓推薦者免費獲得額外儲存空間，促發更多的使用推薦以加速成長。而前面提過的Facebook，在美國市場以外的不少地方（包括台灣），其實是透過開心農場遊戲，一下子讓許多非用戶成了註冊用戶。

　　Facebook 創立不久後，便建立「成長團隊」（growth team），負責該平台的駭成長。這個團隊早年比對平台上活躍與不活躍的用戶群，從各項變數中找出兩項最關鍵的活躍／不活躍區隔變數：用戶的好友數，以及用戶個人資訊完備的程度。透過數據分析取得這樣的洞見後，Facebook便在個人用戶頁面上新增「你可能認識的朋友」（People you may know）資訊，誘導用戶透過該項資訊提高線上好友數目，進而提高在平台上的各種行為活

躍度。

　　此外，駭成長的應用範圍其實不僅止於商業情境。2014年台北市市長選舉，柯文哲團隊的選戰經營，基本上就是駭成長概念的另類實踐。柯陣營經營台北市民熟悉的各種數位平台，以「資訊存於官網、影片存於YouTube、發散於Facebook」的模式，經營選戰初期數量便快速成長的粉絲。這些粉絲的線上行跡，包括何時因何議題而加入某平台，粉絲團內容留言、用語、分享習慣、按讚習慣、交友狀況等，便成為涉入選舉初期溝通定調的基礎。選戰中所逐次逐項發布的柯團隊新政規畫，每次公布後的線上回應資料，也成為修正選舉策略的重要參考。此外，駭成長所強調的「以技術自動化用戶經營」，也在該次選戰中發揮得淋漓盡致。其選舉團隊先後透過釋出官網應用程式介面（API）的「野生柯P官網」，透過眾創方式，吸引理念相同的技術人員協助，將市政構想在線上進行多元詮釋。而後，接續的「柯P滑出來對你說政見」外掛程式，以生動有趣的方式，讓已認同己方見解的支持者，透過網頁插件，更確切掌握當時柯團隊的施政理念。

回到2014年，人氣無人能擋時期的野生柯P官網

Airbnb 的駭成長

現在談論駭成長，很常被拿來當成範例的是 Airbnb 不斷追求成長的過程。2007 年，工業設計背景的布萊恩・切斯基（Brian Chesky）和喬・傑比亞（Joe Gebbia）兩位創辦人在舊金山，面對公寓的飛漲房租感到拮据之際，便在旅館房源短缺的工業設計研討會開會期間，設計簡單網站，招客將寓居公寓的客廳出租當二房東。2008 年名為 airbedandbreakfast.com 的官網正式上線，2009 年改名為 airbnb.com，2011 年突破百萬訂房次數，同年開始國際性擴張，2012 年累積突破十萬訂房次數。在擴張過程中，Airbnb 將溝通槓桿作用最大化的駭成長事例，包括：

· 初期讓美國最大線上黃頁 Craiglist.com 上刊登短租房源的房東，將刊登訊息無縫接軌複製至 Airbnb，同時也讓 Airbnb 的房東訊息直接複製到 Craiglist.com。藉由程式化的相關訊息複製動作，提高房東加入 Airbnb 的興趣。
· 初期透過數據分析，理解到許多潛在房客因為房東所刊的房間照片不具吸引力，瀏覽之後便打退堂鼓。因此 Airbnb 在主要城市招攬專業攝影師，免費替房東拍攝房源照片，以精緻

的圖片吸引房客訂房。

· Airbnb 相信最好也最方便的內容行銷，取材自使用者的真實故事。所以它曾嘗試發行線上與紙本雜誌，報導大量房東／房客的故事，並提供線上共創空間 create.airbnb.com，供詮釋強調歸屬感的新 logo。此外，也策動實體聚會，讓用戶相互分享旅行與住宿經驗。

· 藉由數據分析，配合大量的 A／B 測試，不斷優化與用戶間的溝通方式。如某次 A／B 測試，就讓 Airbnb 確定「利他」的促銷方案（如「送 25 美元讓朋友去旅行」〔Give Your Friends \$25 to Travel.〕）比「利己」的促銷方案（「邀請你的朋友加入，即可獲得 25 美元折扣」〔Invite Your Friends, Get \$25.〕）效果更好。

· 實踐駭成長所必需的實驗精神。Airbnb 曾在舊金山測試針對房客，涵蓋一段（3～5 天）城市休旅中所有活動預訂的「Journeys」服務，以及面向房東，以眾籌方式讓房東發揮所長，為城市造訪者引領城市內各種（如短旅、嗜好、充電進修等）活動的「Experiences」服務。

· 2014 年策動「#OneLessStranger」活動，號召 10 萬名用戶參與，每位參與者獲得 10 美元，以自己的方式隨機款待陌

生人，並在社群媒體上以「#OneLessStranger」為題刊登各自的做法。

· 和用戶一起呼吸。2015 年巴黎發生大規模連續性恐怖攻擊，Airbnb 取消了巴黎房源的手續費，配合屋主的「#porteouverte」（打開自己家門讓無法回家的路人避難）活動，當晚有三百個房間免費提供。

· 2015 年起，實驗讓房東在設定最高與最低出租價後，由系統進行智慧化定價，以最大化出租的成功率。此外，也開始與企業簽約開通商旅服務，並推廣智慧門鎖，讓房東不必直接面對房客也可以讓房客持手機開門入住。

第四章

成本結構牽引的
規模經濟槓桿

成本結構與規模經濟

數位經營與傳統經營的成本結構，有著相當大的差異。

以經營一家傳統鞋店的一般零售為例，主要需應付包括店租、人事、存貨、水電等避不了的成本。如果開5家店，就需支應大約5倍左右的相關成本。我們因此把前述的店租、人事、存貨、水電等成本，稱為隨著營業規模變動而變動的**變動成本**。相對而言，B2C電商經營一旦前後台建置完善，物流體系妥當打通，營業規模擴張時所衍生的變動成本增加幅度，一般而言較線下經營時來得小。

再以金融為例，面向一般大眾的傳統銀行業務，同樣以增設

分行為主要業績拓展的途徑。每新開一家分行，同樣產生租金、人事、水電等經營成本。相對而言，線上金融的業績拓展，產生的變動成本，通常較新開實體分行小很多。

這兩個例子，說明了不同於實體經營展業過程中伴隨產生高額變動成本的必然性，**數位經營展業過程中，面對相對高的固定成本**（如前後台的開發建置成本）與**相對低的變動成本**。因為這樣的成本結構差異，相較於傳統實體經營，數位經營更加凸顯出**規模經濟**（economies of scale）效果。

下頁圖4-1說明以上所述的邏輯。經營同一種需求，數位經營通常比傳統實體經營需要較高的固定成本。但數位經營的變動成本率（α數位），則遠小於實體經營的變動成本率（α實體）。因此，在經營規模達到S1之前，實體經營的總成本較低；但一旦規模超過S1，數位經營便有了成本優勢，且規模越大優勢越顯著。這樣的相對優勢，就是本章標題所謂「成本結構牽引的規模經濟」效果。也因此，數位經營相對於實體經營，具備了較高的「可擴充性」（scalability），**可用較低的總成本撐起規模較大的客群經營**。從另一個角度來說，因為數位經營成本結構的特殊性，**經營的規模越大，相對於非數位經營而言便越有優勢**。

另一方面，在資訊相對透明、服務模式不可複製性低的線上

圖4-1：數位經營與實體經營在成本結構上的差別

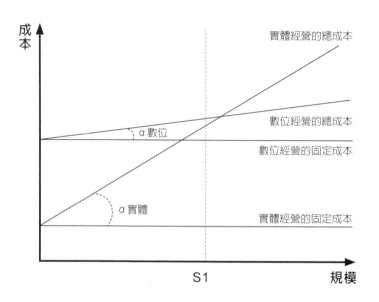

競爭中，教科書上所述、源自傳統實體世界競爭的「小而美」的利基（niche）型態經營模式，不大容易能在數位場域中持久存在。舉例而言，各業都曾對電子書的平台經營有相當大的興趣，但近年包括Blinkbox、Sony、Nook、Oyster等電子書平台服務都已陸續結束，市場上只剩下如目前隸屬於樂天集團、旗下逾500萬種書的Kobo，還在與Kindle競爭。很明顯地，這個差異化有限的

市場容不下利基經營者。在這樣的競爭中，致勝關鍵在於**透過數據、體驗與創意，去經營、累積顧客群，並因此較競爭對手先一步取得規模經濟的優勢。**

數位經營中的規模經濟槓桿，甚至可能進一步帶來「大者更大」的正循環效應。以狹義的 B2C 電子商務來說，變動成本中占比很大的一塊是物流。一旦營運規模大，出貨量大而配送密度高，則經營業者就有更大的動機去優化物流，提高用戶體驗。待用戶體驗提高後，則可預期未來的營業量將可更擴大。例如 Amazon 由美國擴及英、日等市場，提供其金牌會員限時一小時送達的快遞服務（Prime Now one-hour delivery service）。此一服務在規模經濟的預期下，建構起稱為 Amazon Flex 的社會眾籌運力平台，由鄰里間有空閒時間與運力的人力投入，完善合適快速物流到戶的物流體系。

類似狀況，也可見於中國最大的自營型電商京東。面對長尾訂單的即時配送需求，京東也啟動眾包物流服務，動員小地理範圍內的社會化運力，銜接物流的最後一哩路。

由產品而平台

　　Google 一開始只是個營運模式不明的搜尋引擎。阿里集團的支付寶甫推出時，僅僅是一個應付中國市場支付工具不完善窘境的支付產品。TripAdvisor 早年僅是一個線上旅遊評價網站。這些，都是若干年前即因其數位服務的成本結構，而在成本端取得規模經濟的例子。隨著它們的客群規模日漸擴大，為了兼顧顧客體驗與商業上的獲利要求，這些數位服務後來便都走向（或兼蓄）平台化經營模式。

　　即便是實體原生廠商，只要善用數位機會，也可能藉著傳統實體產品的各種聯網化可能，而將實體產品擴充為數位平台。例如口腔用品品牌歐樂 B，在 B2C 物聯網浪潮中首先將自有產品裝上感應器聯網，感測刷牙的力道與角度，並以互動圖形介面呈現對於刷牙動作的追蹤，藉此協助使用者刷牙時聚焦於口腔內最應關注之處，提醒、建議用戶正確的刷牙行為。相關技術成熟後，

針對美國市場的 Amazon Prime Now 簡介短片

歐樂 B 並以 Oral-B Developer Program 爲名，釋出軟體開發工具包（SDK）而將相關系統平台化，鼓勵其他口腔衛生相關開發服務者的加入與使用。

不僅止於一般企業，非營利組織或者社會企業，同樣可能將既有的數位服務平台化。我們來看看美國 mRelief 的例子。美國有超過 4 000 萬人口長期處於貧困線下，而經濟上的弱勢常伴隨著資訊上的弱勢，讓貧窮者難以取得切身的補助資訊。同時，每年卻也有超過百億美元的各種社會福利補助或捐助，找不到合適的對象，發放不出去。這中間很明顯的問題，是資訊的不透明、不對稱。針對這樣的資訊不對稱難題，一群女性軟體工程師創立了 mRelief 網站，透過方便使用的介面設計連結社福相關資料庫。藉此，協助弱勢族群透過網站、手機簡訊等方式，在輸入自己的簡單訊息後，篩選出合適自己申請的社福補助資訊。原來的資訊媒合服務受到各方歡迎後，這群工程師更以「mRelief Builder」爲名，將整個服務進一步平台化，供有需求的第三方社福／慈善單位以免費或付費方式使用，透過該平台與可能的被補助者更有效率地連結。

在成本結構驅動規模經濟的數位經營現實下，我們屢見由產

品的經營轉型或擴充至**數位雙邊平台**經營的發展。[①]這些發展背後的動機，可粗分為以下三類：

- 藉由線上服務經營起龐大客群後，尋找可持續的獲利模式。以Google為例，早年因優異的搜尋功能而累積逐步擴大的用戶群。一旦有獲利上的壓力，就著大規模的用戶群基礎，很自然地便將原先做為線上服務產品的搜尋業務轉化為雙邊平台，讓用戶繼續免費使用，而讓廣告商成為貢獻此雙邊平台收益的一方。

- 開放既有的數位經營建置，讓第三方加入，以深化規模經濟優勢。如B2C電子商務裡的Amazon、京東，最初都以自營電商型態經營；前述的歐樂B物聯網牙刷、mRelief公益服務，原來也只是以服務性產品模式進行經營。一旦要深化鞏固數位經營上由成本結構所帶來的規模經濟優勢，企求引進在同樣價值訴求下互補的服務提供者進駐，這些企業便都在既有的基礎上衍伸，往平台經營的方向發展。

- 在規模經濟的槓桿作用下，進一步透過平台化，謀求下一章我們將討論的範疇經濟。以微信為例，在中國春晚推出的「搖一搖紅包」活動受到數億用戶的關注。因為客群的

---

①：若市場上有 A 與 B 兩群人，各群體內成員相對同質，且群體內成員都有類似的興趣乃至相互有所關連，A 與 B 兩群人至少有一群對另一群存在需求，這兩群人的總和可稱為是一個「雙邊網路」（two-sided network）。若雙邊網路該有需求的滿足必須透過一些（第三方）產品、服務或系統來滿足，則這些產品、服務或系統，即為此一雙邊網路裡的一個「平台」，簡稱「雙邊平台」（two-sided platform）。詳見《看懂，然後知輕重》一書的第三堂課。

龐大，單單此一可搖出各種節目內容互動、頻道客群經營互動和個人社交互動可能性的功能，便有對於廣告（讓電視廣告可互動）、收視率調查（不必再透過黑盒子）、媒體經營（實時掌握、測試觀眾情緒與偏好）、零售服務（更靈活的客製化折扣促銷方案）等方面範疇經營的潛能。

綜言之，**數位經營的成本結構，驅使經營者追求規模經濟**；經營上滿足了經濟規模後，仍受規模經濟的正循環驅動，而謀求更大的規模或更多場域裡的規模經濟（後者即下一章將討論的範疇經濟）。這樣的脈絡，讓「由產品而平台」一事，成為數位環境中的合理發展路徑。

將物聯網產品平台化的 Oral-B Developer Program 官網

社會福利補助資訊媒合服務 mRelief 的簡介短片

資訊經濟學

依照資訊經濟學（information economics）的說法，資訊的價值，常在於能輔佐決策者做成較少失誤的判斷與選擇。傳統的商業世界，卻因為市場機制裡存在各式各樣阻礙資訊透明化的障礙，而常見交易關係人間存在著資訊不對稱（information asymmetry）現象。

由於資訊不對稱，傳統的市場裡便屢見類似「劣幣驅逐良幣」狀況的「逆向選擇」（adverse selection），以及掌握交易中關鍵資訊者欺瞞他方以圖利的「道德風險」（moral hazard）。「逆向選擇」，以市場交易中的買方為例，如風險高的人比風險低者更喜歡買保險、食量大者較食量小者更喜歡吃吃到飽的自助餐，這些都讓服務賣方的成本增加。以市場中的賣方為例，如技藝不佳的裝潢師傅在資訊不透明時靠低價搶市、旅行社推出低價團排擠高價行程，這些都使得服務品質劣化。至於「道德風險」，在買方，如房客退房後旅館發現房間被嚴重汙損、食客向人氣餐廳電話訂位訂餐卻不按時前往用餐；在賣方，如銀行理專推薦高佣金但高風險的投資標的給信賴其專業判斷的熟客、航空公司的超

賣機位等。

市場交易的兩造，一旦意識到對己不利的道德風險，勢必降低原有對於對造的信任，並且為了降低後續風險，便會發生一系列額外的資訊搜尋、過濾等交易成本。

數位雙邊平台因為掌握交易雙方資訊，透過更為即時、透明、低成本的資訊揭露，加上常見的雙邊評價機制，大幅度降低傳統場域中的資訊不對稱及其衍生的逆向選擇和道德風險，高效率地連結與媒合平台的兩邊。數位雙邊平台如搜尋引擎（如Google）、實時共乘交通平台（如Uber）、線上團購平台（如夠麻吉）、內容中介平台（如Kindle）、前段我們討論過的社會福利資訊媒合平台mRelief等，其運作的本質，都可由前述的資訊經濟學邏輯來詮釋。

線上評論的特殊模式：Angie's list

　　網路上的資訊雖然常是免費的，但消費者很清楚能協助其決策與選擇的資訊其實相當寶貴，甚至願意付款來取得相關資訊。1999年上線的美國在地商家評價平台Angie's list，採取實名評價制度，評論者須以真名發布評論，而曾被評價過的商家才會出現在平台上。該服務並不將自己定位為評價平台，而標榜透過私人助理般的服務，讓與家居、汽車等在地服務訊息的取得與消費預約，變得非常簡單。關鍵是，想在Angie's list閱讀在地商家評論或發布評論，消費者必須支付月費或年費。2015年年中，這個線上收費評價平台有超過300萬名付費會員。

　　有趣的是，美國非常權威的消費者評論媒體Consumer Reports曾攻擊Angie's list，認為後者的營收有半數以上來自被評價的商家廣告，因此有相當大的利益衝突問題。Angie's list針對抨擊的回覆是，會員針對商家實名給出由A（最高，等於5分）到F（最低，等於1分）的評價，而在Angie's list平台上被評價的商家只有當平均評價是A或B級時，才能付費刊登廣告，並讓自己在會員搜尋相關商家時出現的排名往前。

　　傳統線上評價的商業模式光譜有兩極，一極是評論者與讀者

皆免費，服務的運作由廣告與贊助來支應（如目前已跨國經營的Yelp）；另一極則不賣廣告，靠著向評論者與讀者收費作為唯一財源（如美國的 Consumers' Checkbook）。Angie's list 在這樣的光譜上，代表兩極中間的一種商業模式。

另外，Angie's list 近期也開始推展包括免費會員與不同會費水準的多元會員方案。之所以如此，是因為競爭加劇導致的成長壓力。晚近的競爭威脅，主要倒不是來自前述光譜上的一般線上評價服務，而來自剛開始要經營在地商家推薦的 Google+ 與 Facebook 這類，有範疇經濟優勢的綜合性平台。

平台經營的商業模式分析

　　在最簡單的意義上，一個企業的商業模式就是它賺錢的方法。雖說生意就是將本求利，但求利之方，則沒有公式可循。小米創辦人雷軍談論初創小米時，很大的靈感啟發來自出訪美國時理解到零售百貨沃爾瑪的毛利率只有22.5%，是零售同業的一半；他並且更吃驚於好市多更低的綜合毛利率。

　　數位經營最常見的收益模式，包括販售傳統產品或服務、會員收費、數位產品（如表情貼圖）電商、企業服務、廣告、抽佣等。雖說有成本結構所牽引出的規模經濟槓桿可能性，但數位經營當然不是閉著眼睛就可獲利。一個商業模式，雖然最終關注的仍是利潤，但要描述清楚個別模式，便必須呈現來自顧客的營收如何可能，以及服務顧客的成本項目。這方面，瑞士管理顧問奧斯瓦爾德（Alexander Osterwalder）自他的洛桑大學博士論文中發展出的「商業模式圖」（business model canvas，如下頁圖4-2），近年來便廣泛在各類商業模式的發想、分析與說明情境裡被採用。

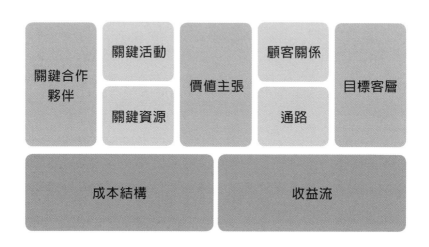

圖 4-2：商業模式圖

　　圖 4-2 所示的商業模式圖雖受歡迎，但其源頭並不是為了分析數位經營，更不是為了呈現平台商業模式而生。在前述「產品平台化」的規模經濟追逐常態中，經營者常需要就即將涉入的平台，進行商業模式的推敲分析。但由於雙邊乃至多邊的平台特性，強用圖 4-2 架構去呈現各種數位平台的商業模式，常有搔不到癢處的捉襟見肘。

　　為解決這樣的問題，我們可改以如下頁圖4-3所示的「平台商業模式解析架構」，對於雙邊乃至多邊的（數位）雙邊平台進行解析。

　　在該架構下，描述一個（數位）雙邊平台，需要具體回答15個關鍵問題；其中7個牽涉到平台本身，8個牽涉到雙邊平台實際上需要去經營的A、B兩群客群。

　　讓我們以一個實際的例子來說明。

　　Amazon以線上書籍的銷售起家，累積了十餘年線上書籍銷售經驗之後，於2007年推出第一代Kindle電子書閱讀器，迄今在硬體面已跨越多代，而各代加總則有超過五千萬台Kindle的銷售量。對於Amazon而言，現今Kindle服務串聯硬體與軟體，是一個串聯出版者／作者與讀者兩端的數位雙邊平台。運用剛剛提出的「平台商業模式解析架構」，這個數位雙邊平台的商業模式，便如第115頁圖4-4的呈現所示。

圖 4-3：平台商業模式解析架構

Side A

（A1） Barriers to adopt 此方的採用障礙
（A2）Benefits sought 此方尋求的利益
（A3）Cost to serve 服務此方的成本
（A4）Revenue generated 由此方獲得的收益

Side B

（B1） Barriers to adopt 此方的採用障礙
（B2）Benefits sought 此方尋求的利益
（B3）Cost to serve 服務此方的成本
（B4）Revenue generated 由此方獲得的收益

（P1）Problem(s) to be addressed 平台所解決的關鍵問題
（P2）Data collected and utilized 平台所匯聚的數據
（P3）Service configuration 平台的服務設定
（P4）Physical flows 實體物流
（P5）Financial flows 金流
（P6）Critical know-how 平台的關鍵技術

（P7）Key partners
平台經營的關鍵夥伴

圖 4-4：以平台商業模式解析架構解析 Kindle 的商業模式

Side A	Side B
此方的採用障礙： 與實體書不同的版稅計算方式	此方的採用障礙： 無電子閱讀習慣
此方尋求的利益： 針對廣大用戶群的書籍銷售潛能	此方尋求的利益： 即時、跨屏閱讀；易攜帶、易儲存
服務此方的成本： 版稅	服務此方的成本： 付給電信營運商的電子書傳輸費用
由此方獲得的收益： （有限，但平台運作有賴此方配合）	由此方獲得的收益： 閱讀器販賣收益、電子書販賣收益

平台所解決的關鍵問題：（1）實體書籍的流通問題、（2）實體書籍的攜帶問題、（3）大量實體書籍的存放管理問題

平台所匯聚的數據：讀者詳細逐秒／逐頁的閱讀行為數據

平台的服務設定：（1）自有版稅清算機制、（2）不一定需要 Kindle 硬體的跨螢幕閱讀服務、（3）電子書租借服務

物流：（1）硬體透過 Amazon 商品物流、（2）電子書以無線方式傳輸給購買者

金流：Amazon 既有的金流模式

平台的關鍵技術：（1）電子閱讀器硬體設計、（2）電子閱讀的用戶體驗

平台經營的關鍵夥伴：（1）閱讀器代工製造商、（2）各國電信營運商

平台參與的考量

　　要喝牛奶，不一定需要養一頭乳牛。同樣地，無論企業大小，在許多情況下，**數位經營者可能考慮不自設平台，而選擇加入既有平台，成為該雙邊平台上的某一方**（如圖4-3的Side A或Side B所扮演的角色）。這時候，除了圖4-3所示的精簡商業模式分析外，實務上常涉及要不要加入某平台、應不應加入多平台等策略性抉擇。

　　舉例而言，Amazon的Kindle電子書銷售系統成熟之後，又以Kindle Unlimited之名，面向閱讀量大的讀者推出「吃到飽」性質的電子書租書服務。在該服務中，Amazon透過電子書下載後實際被閱讀的狀況，重新計算版稅。根據估計，讀者每借閱一頁電子書，版權方約可獲得0.006美元。對於版權所有主而言，即便原已透過Kindle系統發行販售電子書，但要不要進一步加入Kindle Unlimited機制，仍是個重要的選擇。

　　針對此類實務上非常重要，但商業文獻上較少討論的「平台加入」決策，圖4-5提出一個決策架構。這個決策架構協助決策者從客群經營角度，較有系統地檢視成本端與營收端攸關的各項估

算。更重要的是，該架構涵蓋了決策時應注意的策略性考量。例如**經營者加入第三方數位平台，常常會失去對於數位經營而言至關重要的顧客數據掌控權**。這便是圖4-5中「策略考量因子」第一項所提醒的「關鍵資源控制權歸屬」的問題。

圖4-5：平台參與的三大考量

營收端因子

・透過該平台開拓新客的實際
・透過平台優化舊客服務的可能
・該平台可經營顧客群規模
・該平台客群成長態勢
・該平台單客交易頻率
・該平台單客每次交易金額

成本端因子

・透過該平台的開拓新客成本
・透過該平台的舊客服務成本
・使用該平台的專屬沉入成本
・使用該平台的平均交易成本

策略考量因子

・關鍵資源的控制權歸屬
・該平台範圍內的競爭態勢
・該平台提供的附加價值
・多平台經營可行性
・自建平台可行性
・原有營收遭侵損的可能性
・被平台挾持的可能性

第五章
跨越疆界的
營運範疇槓桿

數位服務豐富化

在上一章中，我們討論了以有利於擴張營運的成本結構做為支點，數位營運（尤其是經營或依託數位平台的營運）所可能取得的規模經濟槓桿優勢。**取得規模經濟槓桿優勢，也就意謂著經營了龐大的客群**。在此一客群基礎上，數位營運很自然的進程就是持續深化顧客關係，提高單客平均的財務貢獻。[1]而深化顧客關係、提高用戶貢獻的企圖，常由**豐富化的服務**來實踐。

以大家都很熟悉的 Google 搜尋引擎為例，從一般性的搜尋，逐步發展涵蓋專利搜尋、學術搜尋、語音搜尋、圖片搜尋、翻譯服務、幣值換算服務、航班搜尋等與搜尋核心直接關聯的附加服

---

[1]：此時關切的除了短期的單客平均營收貢獻（average revenue per user，ARPU）外，更在乎的是每一個顧客／用戶長期而言的營收貢獻——此方面常以顧客終身價值（customer lifetime value，CLV）來衡量。考量既有顧客或用戶可能的流失狀況，預估每一單客在流失（與企業的關係終止）前長期可創造的營收流折現值，即所謂的顧客終身價值。

務。再以有人稱之為科技企業、有人稱之為運輸物流業的 Uber 為例，在原有的 Uber 尊榮專車核心服務之外，現在提供了更平民化的 UberX 專車，在特定市場還推出單車送貨（Uber Rush）、汽車貨運（Uber Cargo）、共乘（Uber Pool）、司機端順路載客（Destinations）等額外的服務項目。這些都是數位平台在核心服務之外，層層疊加新服務的事例。

此一意義下的服務豐富化，受優化顧客體驗的企圖所導引。

例如英國線上房仲平台emoov，初創時以395英鎊的均一價，替賣屋者照相、繪製室內平面圖、刊登專業介紹資訊於幾個英國主要的房地產門戶網站。隨著業務開展，該平台對於會訴諸線上房仲平台的買賣方顧客需求理解更深後，emoov以595（預付）～995（成交時付款）英鎊的代價，為屋主進行更為細緻的套餐式線上售屋仲介服務。屋主選擇付款方案後，該平台合作專業攝影師前往房產攝影，由屋主挑選相片後才刊登。此外，透過標榜經驗豐富的房仲顧問，emoov平台替屋主篩選合格買主，搓合買主拜訪屋主看房的時間，隨後並代表屋主進行議價斡旋，成交後並協助相關過戶的程序。

又如2007年創立的人力資源網站Glassdoor，提供企業員工分享企業內的人資訊息，例如對雇主評分與薪資訊息揭露等。它

並透過「有給才能看」（give-to-get） 機制，讓貢獻越多資訊的用戶能看到更多他人所給出的資訊。2010 年累積到百萬用戶後，Glassdoor 增加了讓雇主進行向潛在求職者說明己身企業優點的「Enhanced Employer Profiles」機制。2012 年，則又增加讓用戶綁定 Facebook 帳號加入「Inside Connections」機制，用戶藉此可一次看到同在一家企業工作的 Facebook 好友訊息。

再如著眼於免除換幣、避免時間緊迫等除境旅遊遊客體驗，天貓國際與泰國王權集團免稅店、韓國新羅集團免稅店商合作「環球免稅店」，讓中國遊客出國前在網路下單，回中國前便可直接在泰韓機場免稅店，透過付款完成的簡訊或條碼取貨。**這是優化顧客體驗的企圖所導引出的服務場景豐富化。**而中國「河狸家」，起初界定為美甲服務的 O2O 服務平台，而後針對原設定的客群，又橫向涉入如美容、美髮、瑜珈、健身、減胖等針對城市中產女性的諸多服務。**這是優化顧客體驗的企圖所導引出的業務領域的豐富化。**

此外，數位雙邊平台也可能藉由扶持雙邊中一邊的某些參與者，由其豐富化平台另一邊所企求的價值提供。以中國的「韓都衣舍」為例，2008 年剛開始時以一個另類「快時尚」的韓系時裝代購者身分出現在淘寶平台上，而後轉為在中國尋覓代工工廠生

產韓系服飾模式。因其成長迅速，歷年來受阿里系之助，由「淘品牌」而「天貓原創」，由一個品牌發展到三十多個以服飾目標客群與設計風格作為區隔的服飾品牌。「韓都衣舍」茁壯到要到中國新三板掛牌上市時，阿里集團甚且成立「協助商家上市辦公室」加以輔助。對於阿里旗下的淘寶與天貓電商平台而言，平台上如韓都衣舍這樣的「淘品牌」「天貓原創」品牌發展，與平台的發展息息相關。**魚幫水、水幫魚，是另類的平台服務豐富化取徑。**

連結眾服務的範疇經濟

　　客群經營的規模經濟達成後，深化顧客關係、提高用戶貢獻的另一個進階，就是創造或連結互補性質的服務，以求客群經營

英國 emoov 房仲服務平台創辦人現身說法短片

上的範疇經濟（economies of scope）。所謂的範疇經濟簡言之，在數位經營的討論中，即**透過聚焦於同一客群，由多個彼此有所關連的服務協力，提供多樣的服務，藉以更有效率地經營目標客群**。這般因橫跨眾平台而生的範疇經濟，又可粗分為**生態圈型**與**聯盟型**兩大類。

「生態圈型」的範疇經濟，由企業在核心平台的基礎上，不斷創發、連結新生服務，以至於可以一定程度地滿足客群的多面向需求。例如 Google，從前述搜尋平台開始，而後經營起包括地圖平台 Google Map，社群平台 Google+，影音平台 YouTube，智慧手機應用平台 Android 等，讓用戶各面向的資訊需求都能在 Google 旗下得到滿足。此即 Google 所經營的跨平台生態圈。又如以保險起家的中國平安集團，2011 年成立 P2P 貸款平台陸金所，2015 年收購了於集團內扮演跨境業務與金融機構間服務角色的深圳前海金交所。除了大規模互聯網化的銀行、保險、理財等多平台金融業務外，尚且投資生活相關各業。2015 年「平安好醫生」做為集團醫療業務的核心產品上線，以健康管理及個性化醫療為主要定位，開始經營平台探觸線上問診、慢性病管理、健康數據數位化、藥品 O2O 等服務，從而沉澱、累積由保險而醫療的大量數據。這也是一個多平台圍攏客戶生活諸面向的生態圈經營企圖。

　　至於「聯盟型」的範疇經濟追求，如 Facebook 與其他企業平台合作，讓 KLM 的旅客可以透過 Facebook Messenger 取得登機證、Uber 的乘客可以透過 Facebook Messenger 叫車、Spotify 的訂戶可以透過 Facebook Messenger 分享音樂訊息等。而這裡提到的音樂串流平台 Spotify，也自 2015 年起與星巴克合作。首先，全美星巴克 15 萬店員免費獲得一個 Spotify 訂閱帳戶，然後串接各門市店內音樂撥放系統，讓店員透過各自編輯的音樂列表，除了替顧客調製飲品外，還額外扮演店內的 DJ。同時，在星巴克門市內消費的 Spotify 用戶也可透過手機終端，直接將店內撥放的歌曲加到自己的 Spotify 播放清單內。又如阿里集團底下的阿里旅行，藉由阿里雲，以直銷型態與旅遊業者共享用戶，合力開發會員體系，提供不同於一般 OTA 分銷模式的新型態會員服務。例如阿里旅行與北京首旅酒店集團合作，實驗旨在降低 no-show 率的「信用住」產品（用戶信用分數達一定水準即可無須押金入住，退房時退回房卡支付寶便自動扣款，no-show 時則由支付寶負責賠償）。隨後，兩方並共同實驗以酒店為「殼」、阿里雲為「心」，本質為「互聯網＋酒店」的「未來酒店」計畫，讓顧客入住的各環節，以及接受的各附加服務（如點選影片）都能透過顧客手機，在雲端解決。

跨界經營的多種可能

　　無論是前述「生態圈型」或是「聯盟型」的範疇經濟，都源起自單一企業的槓桿追求企圖。這樣的企圖，常透過平台與平台間的互跨與連結而實現。策略上，則有以下多種互跨與連結的可能性。

（1）自力開發

　　當企業意識到自建服務底層基礎的必要性，或者找不到底下所述其他互跨與連結之方時，自力開發便成了理所當然的途徑。以阿里集團的 B2C 經營為例，2003 年打造淘寶，隨即因彼時中國支付環境的不健全而發展支付寶，而平台上買賣雙方規模壯大後，又進一步涉足雙方的貸款需求經營。這樣由電商而支付，由支付而信貸的平台搭建，都在阿里集團旗下布置完成。

（2）併購

在戰局瞬時即變的數位經營上，對於口袋夠深的企業而言，無論是打算跨入新領域，或是單純爲了防禦既有優勢，併購都是很常見的一種策略選擇。以日本樂天爲例，透過併購 Kobo 電子書公司與 Viber 即時通訊服務，切入了數位內容的相關經營，而與其原有的電商、金融等平台互補。再如 Facebook 透過併購 WhatsApp 和 Instagram，鞏固自身做爲社交平台霸主的側翼。而 Amazon 則透過收購遊戲影音串流平台 Twitch，得以順利進入視訊直播場域。但要論及數位併購的大家， Google 應當仁不讓。除了比較知名的 Android，YouTube，DoubleClick，NEST 等併購案外，Google 在本世紀前 15 年間完成將近 200 椿大型併購案，藉此豐厚了技術能力，擴大了營運範疇。

（3）取得授權：XXX-Inside

對於自力開發、連結平台服務者而言，當下的環境裡其實有相當多第三方的支援性服務，因此開發過程中常不必從零開始。以 BMW 在西雅圖透過一支 400 部車的車隊展開的 ReachNow 短租共享服務爲例②，整套服務的前台，透過簡便的程序，讓用戶只要掃描駕駛執照並使用 ReachNow app 自拍一張相片，兩分鐘左右

便可完成註冊。然而，整個服務技術含量高的部分其實在後台。BMW 並非自力開發出一套車隊線上管理系統，而是結合自我定位爲新一代車隊管理操作系統的 RideCell 團隊，以後者的技術來驅動整個服務。因此，ReachNow 短租共享可說是個「RideCell-Inside」的服務。

（4）學習性併購

如果併購的目的是爲了「學習」──也就是取得特殊技術或是特殊人才，便可稱爲學習性併購。如 Amazon，雖有具備教育用途潛能的 Kindle Fire 平板，但卻沒有完整的教學應用能支援 Kindle 軟硬體平台在教育領域內的發展。因此，Amazon 併購提供數學老師線上客製化中小學教學大綱的 TenMarks 公司。在企業爲了「學習」數位新市場或數位新技術而進行的併購中，很多時候併購的目的是人才，因此又有所謂「爲人才目的而併購」（talent acquisition 或 ace hire）的學習性併購子類型。例如 Amazon，曾藉由併購社交購物新創企業 Quorus，來吸收相關人才。再如 Facebook，曾藉由併購新創行動廣告平台 Rel8tion，運用所併企業的既有人才成立新的技術單位。Twitter 也曾透過併購線上新聞集

---

②：在共享經濟風潮中，不只 BMW，其實各家大車廠都已紛紛投入短期租賃共享車（car sharing）的實驗性營運。針對短期租賃共享，賓士汽車所屬的戴姆勒集團，2008 年起從德國開始推出 Car2Go 共享服務；GM 在美國推出 Maven 服務；BMW 則先在歐洲以 DriveNow 為名，後在美國由西雅圖開始以 ReachNow 為名，進行租賃共享試營運。

成服務Summify，累積新聞服務相關的人才庫。

（5）合資

　　過去二十年間，中國萬達集團經歷由地方走向全國、由住宅走向商業地產、由地產擴及文化旅遊產業等三波轉型。2015年，啓動名爲「輕資產轉型」的第四波轉型，以設計、招商、服務爲主軸，數據爲核心，邁入「互聯網＋商業」「互聯網＋金融」「互聯網＋旅遊」「互聯網＋影視」的經營。這其中「互聯網＋商業」方向，便由合資的新事業爲主要發展軸線。萬達於香港與百度、騰訊合資註冊萬達電商公司，企圖打通數據與會員體系。這家公司旗下的飛凡開放平台，放棄傳統線上狹義的電商經營，轉而爲傳統購物中心與百貨商城搭建「互聯網＋」統包方案。透

美國BMW的ReachNow短租共享服務廣告片

撐起美國BMW ReachNow服務的RideCell系統說明短片

過 Beacon、Wi-Fi 等數據蒐集與推送建置,飛凡平台提供與消費
體驗相關的停車、找店、購票等服務,也提供與客群經營有關的
會員積分相關營運與行銷支援。加盟飛凡開放平台的實體店家,
無須負擔硬體建置成本。而飛凡平台作為一個合資事業的好處,
主要可見於大股東們的各種協力配合。例如飛凡在大股東騰訊所
有的微信平台上,搭建了專屬入口,直接連上「微信搖一搖」服
務。又如它在另一個大股東百度的搜尋平台上,也取得了客製的
商家搜尋、導流等方便。

(6) 創新育成

合資動作常發生於實力伯仲、範疇互補的業者間。相對地,
數位場域裡另外一個合作的可能性,是**具規模的既有企業打開大
門、釋出自有資源,在自己的羽翼下扶持第三方新創事業的創
大,從而遂行平台的互跨與連結**。以迪士尼為例,2014 年起推出
由公司與合作企業高階主管擔當「導師」(mentors)的創業孵化
器「迪士尼加速器」(Disney Accelerator)。此舉讓入選的新創事
業,有機會運用迪士尼各種娛樂相關資源,進行方向各殊的探索
與開拓。而近年 Nike 啟動的 Nike+Accelerator 計畫,也如迪士尼加

速器般，在協同育成第三方新創事業的目的下，以Nike+多年來所蒐集到的各面向用戶行為數據，做為各種創新服務的燃料。入選的新創事業，近期便提出建基於Nike+的健身課程預定、運動與慈善結合、運動社交遊戲、運動里程激勵等新服務平台。Nike+平台的邊界，也因延伸到這些新創服務平台而得到擴展。

（7）內部創業

　　如果既有企業對自己的員工能力有信心，那麼比前述廣招第三方新創事業進行創新育成更直接的做法，便是激勵員工進行內部創業。Google自來以員工享有「20％自訂題目研發時間」聞名，但即便如此仍流失掉不少追求更高自主性的員工──其中包括Instagram的創辦人凱文・斯特羅姆（Kevin Systrom）在內。因此，Google開啟名為「Area 120」的內部創新育成計畫。該計畫接受員工提案，計畫通過者可以半年時間，全力發展被核可的專案。而這幾年說到內部創業，常會提到中國的白色家電巨人海爾。身為中國首家千億規模營業額的家電企業，海爾在成長遲緩之際，一方面以54億美元買下奇異電子家電業務，也因此多增加了一萬二千名奇異電子家電員工；另一方面則執行所謂「企業平

台化、員工創客化、用戶個性化」的互聯網轉型。這方面轉型的企圖，以客戶為中心，積極鼓勵內部創業，並將組織部門調整為眾多微型企業型態。它以全企業之力推動內部創業，就是在已具備規模經濟的條件之下，追尋多平台範疇經濟效果的積極作為。

（8）風險投資

以風險投資者的身分入股新創事業，也是平台互連的可能來源之一。為了抗衡稱霸全球主要城市實時共享汽車服務的Uber，美國的Lyft與中國的滴滴快的打車、東南亞的GrabTaxi、印度Ola等平台進行四方聯盟，讓運能資源在彼此的app中互通，方便顧客跨國叫車。有趣的是，這四方「新創」事業背後彼此交織的風險投資者，包括了軟體銀行、騰訊和阿里。在這個例子裡，軟銀、騰訊和阿里便可謂是以各自既有的平台為基礎，透過風險投資，尋求範疇經濟。

Disney Accelerator Program 的報導短片

（9）策略聯盟

除了以上所討論的各種策略選項外，企業在現有平台基礎下，與其他企業平台進行策略性的連接，當然也是尋求範疇經濟的重要路徑。如日本樂天於2014年推出名為「樂天簽到」（楽天チェック）的O2O平台化虛實整合服務。樂天會員只需在手機上裝載該服務的app，到達合作店家打開app後，在畫面上點擊簽到按鍵，透過超音波傳輸給店內偵測器，無須購物即可累積點數。合作的店家參與此機制下，則能進行「適地性服務」（LBS）訊息推送等顧客管理措施。又如NTT DoCoMo與健康量測設備廠Omron合作，成立DoCoMo Healthcare服務，企圖透過名為Moveband的智慧型穿戴手環結合一系列與健康量測、飲食管理諮詢、女性生理監測、育兒相關的app，發展成個人健康管理平台。

一個更有趣的例子，是微信上的「餐飲老闆內參」公眾號。③這個公眾號的性質，既是個自媒體，也是搭架在微信平台上的一層媒

樂天簽到介紹短片

---

③：公眾號是微信在一般帳號上提供的升級服務，功能較一般帳號更強大。

體平台。它透過垂直聚焦於餐飲業經營者所關心的內容聚攏用戶，在用戶體驗完善化後帶入附加服務。附加服務主要有二，一是與中歐等商學院聯手進行的教育培訓。這部分「內參」提供內容、軟體與客源，合作商學院提供實體管道與硬體。另一是與P2P平台合作，針對目標餐飲行業客群融資需求設計的互聯網金融產品。做為一個垂直新媒體，「內參」走的是「接口」「輕資產」路線。做為一個平台，它透過各項聯盟動作落實範疇經濟。

　　綜合剛剛討論的這些可能性，我們可以略加修改後，套用三十多年前學界所提出的新事業進入模式架構④，整合各種可能性相對合適的使用情境，理出傳統原生企業數位轉型之際，追求範疇經濟的可能模式，如圖5-1所示。

跨界經營的支點：
規模經濟下的數據能力

　　無論依託前述何種方式進行跨界的數位經營，**有意義的跨界都以已有足夠規模的客群為前提**。就以自營型態的電子商務

---

④：Roberts, Edward B. and Charles A. Berry (1985), "Entering new business：Selecting strategies for success," Sloan Management Review, 26(3), 3–17.

為例，Amazon 從書籍開始，京東從 3C 產品開始，聚攏了大量客群，產生了規模經濟效果後，才開始經營其他品項以擴大戰果。Uber 待最核心的按需叫車媒合服務取得規模經濟後，才開始在不同市場嘗試一些（如腳踏車送貨等）周邊變形業務。

圖 5-1：傳統原生企業數位經營的範疇經濟追求模式

市場		既有的	新但熟悉	新且不熟悉
	新且不熟悉	合資	少數持股 創業投資 創新育成 學習性併購	少數持股 創業投資 創新育成 學習性併購
	新但熟悉	合資 自立市場開發 併購	內部創業 併購 授權	少數持股 創業投資 創新育成 學習性併購
	既有的	自立經營 併購	自立產品開發 併購 授權	策略聯盟
		既有的	新但熟悉	新且不熟悉
			技術	

從經營的角度來說，每跨一界，就會產生一系列新的學習與建置成本。在新客戶獲取成本通常遠高於既有客戶維持成本的實務經驗下，跨界經營的成本便待（類似針對既有客群進行交叉銷售般的）跨界的長期收益提升效果去回收。**如果原有的客群規模有限，規模經濟效果不如競爭者，那麼貿然跨界，在實務經驗上因為通常成本大於效益，甚少見到成功的例子**。因此，數位經營必須先取得規模經濟，而後範疇經濟才較易成立。

在這樣先規模經濟、後範疇經濟的數位經營規律性裡，一項非常重要的元素，是我們曾以專章討論過的**數據**。新舊經濟間一項很大的分野，在於舊經濟重交易，新經濟重交易也重數據。其原因如前章所述，因為數據是價值創造的槓桿支點。就跨界經營而言，既有客群的數據可說是各種跨界經營新事業的重要燃料。無論是零售、金融、傳播甚至是製造，如前章曾仔細討論的，數位大局裡的經營都有賴沉澱數據、彰顯行為、反映過往、指向未來的數據功力。在這樣的意義下，跨越疆界的營運範疇槓桿作用，就是在數位經營的規模經濟基礎之上，透過數據經營多種相互關聯的需求。在業界，這些相互關聯的需求被稱為「生態圈」。而這樣的經營，追求的便是我們在本章所提到的範疇經濟。

數位推土機
碾出的新局

2012年Facebook宣布將以10億美金收購Instagram，
一位《華爾街日報》編輯曾發了個推特文：
「記住這一天。
才創立551天的Instagram價值10億美金；
已經116歲的《紐約時報》，
總市值才9億6700萬美金。」

　　本書上篇討論了影響未來商務的關鍵數位槓桿型態，及其各自的運作支點。有本事綜合應用這些數位槓桿的企業，在逐步浮現的新競局中，有如組裝了讓各槓桿作用力相互放大的「數位推土機」（如下頁圖D）。市場上一部部新駛入的數位推土機，將摧枯拉朽地鏟倒傳統定義裡的若干產業與市場圍籬，沒有包袱地掩埋若干既有經營邏輯，煙塵陡亂中改變競局裡的地形地貌。

　　這些領域裡近期發生或即將發生的各項改變，雖然看似五花八門，但變因可用經濟學裡的「交易成本」（transaction cost）理論來綜合詮釋。

　　交易成本理論源於1930年代約翰・康芒斯（John Commons）與羅納德・寇斯（Ronald Coase）等經濟學家，從不同角度對「交易」一事所做的詮釋；之後，由諾貝爾經濟學獎得主奧利佛・威廉森（Oliver Williamson）總其大成。根據這套理論，人類社會中的各種交易，其過程前後在資訊搜尋、資訊交換、價格商議、決策形成、契約擬定、價款收付、財貨移轉、交易監督等方面，都會產生一系列成本。從個別企業的角度來看，交易成本可分為企業內的交易成本，與企業以外的市場交易成本。以一個企業要建置官網為例，這件事若交由企業內部特定部門執行，將牽涉到相關的人力資源、軟硬體與各種管理成本——這些成本的總和即企

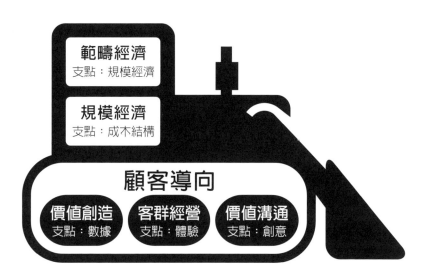

圖 **D**：數位推士機

業內的交易成本。若透過企業外的他方提供網站建置服務，則將產生搜尋、簽約、服務購買等成本。

根據交易成本理論，在自由交易情況下，一家公司會將所有放到組織裡比透過市場交易一次次取得而言來得划算的項目，都納入公司旗下。因此，現代公司之所以存在，就可詮釋為公司在永久運作的假設下，將一系列一次性契約，在組織的框架下轉變為長期的契約關係，因而降低了生產或服務的交易成本。① 也就是說，**公司的最適疆界由交易成本決定。均衡狀況下，將交易內化到公司組織內的邊際成本，將等於透過市場進行該交易的邊際成本。**

我們可以從交易成本角度，詮釋數位推土機的駛入對於市場的影響。在大量聯網的數位情境中，各種場景裡的資訊搜尋、資訊交換、價格商議、決策形成、契約擬定、價款收付、財貨移轉、交易監督等成本都與傳統的狀況大相逕庭。尤其面對企業外新興的數位平台，企業面臨外部交易成本因資訊、協同、調度成本都大幅減少，外部交易成本降幅比內部交易成本大的挑戰。在各種數位槓桿作用推波助瀾下，無論是哪一行，既有公司（至少是經濟學意義上）合理的疆界、組織、資源配置、經營假設乃至於存在的必要性，都會與以往大不相同。

---

① ：例如消費者想要一部汽車，理論上他可以一次性地在市場上找到包括設計師、引擎工程師、金屬工人等完成一部車所需人才，以及各種造車材料與部件，為其需求打造出一部車。但這樣造車所費不貲。既然市場上許多人對汽車有需求，汽車公司便在長期經營的假設下，將人力成本與各種料件取得的程序內部化，並透過組織內系統分工以進行大量生產，讓每部車的最終成本大幅降低。

　　同時在市場端，由於多種型態的交易成本降低，我們便看到各類場景裡因數位槓桿綜合運用而產生的根本性變化。從上篇中我們不斷強調的顧客導向核心出發，這些根本性的變化如表A所示，可歸類為對於市場交易的精簡化、豐富化與客製化三大面向。②

　　接下來，本書下篇先對焦討論數位槓桿綜合應用後浮現的新局與新邏輯，再端詳數位推土機們如何顛覆工業、金融、零售、傳播等各領域的傳統遊戲規則。

表 A：數位推土機的基本作用

	人	事	財
精簡化	精簡人力	優化流程	節省成本
豐富化	深化關係	豐富體驗	多元應需
客製化	順應客需	客製服務	彈性定價

---

②：這三大面向是就既有的各種數位應用特性概括匯總而得。放眼未來，如果目前眾方熱烈討論（除比特幣外）的區塊鏈技術趨於成熟，則除精簡化、豐富化與客製化外，將因交易成本中信任成本的遽降，讓原本信任是交易障礙的人際溝通、物流、金流等場景，在區塊鏈技術新生應用下又有一波變貌，即人、事、財等面向的「信任化」。

第六章

「互聯網＋」新局

跳蛙與路徑依存

跳蛙（leapfrog），根據韋氏字典裡的詮釋，當名詞用時指的是一人彎身手腳著地，另一人雙手按著前者的肩背，一縱跳躍過前者的一種遊戲。做為動詞，就指在這樣的遊戲中互相交換角色，你跳過我、我跳過你的動作。小時候我們都玩過這樣的遊戲。

在經濟發展與商學管理的相關文獻中，跳蛙則常被用來指涉一個經濟體或一個企業，跳躍（省略掉）某些技術階段，直接進入技術發展中的下一個階段，而因此追趕上甚或超越競爭對手的狀況。類似的跳蛙史實，常是市場上破壞性創新的結果。這些年

來最常被提及的事例，是許多開發中國家在有線電話普及率非常低的情況下，出現無線電話的大量普及。也就是說，這些國家在電信通訊上，出現了用戶端通訊設備的跳蛙現象。

與本書有直接關係的跳蛙史實，則是中國的互聯網發展。

對照海峽兩岸的數位應用發展，1990 年代中葉，當台灣在資訊通訊硬體製造代工的熱鬧氛圍裡如日中天之際，台灣的消費者已經能夠透過撥接上網，從《南方電子報》裡消費分享彼時的文青內容，透過本土的番薯藤網站找線上資訊，從博客來網站買書。同一時間的中國，相對而言還是一片數位沙漠。過了幾年，中國市場終於初觸互聯網之際，北京保利大廈酒店裡曾舉辦一項名為「互聯網生存挑戰」的實驗。參加者各分配一間有空調、衛浴、家具但無床單被褥的房間。遊戲規則是：72 小時內所有生活所需，都必須透過互聯網購買以滿足。經過 3 天實驗，除了其中一位參與者因實在搞不懂如何撥接上網、無法進行網購而退出外，其餘參與者則都在當時中國如 8848 一類新興網購網站半作弊的支援下，勉強度過 72 小時。這一年，阿里巴巴、新浪、騰訊、搜狐才誕生。百度，則要等到隔年，才在中關村落地。

時間快轉至 2015 年。這一年，淘寶天貓的雙 11 促銷活動，銷售額達 912 億人民幣；同年美國同類型的黑色星期五促銷，全市

場線上銷售額則只有這數字的 19% 左右。再比較這一年的雙11與黑色星期五促銷活動，前者三分之二成交額來自行動裝置，後者則僅三分之一。時至 2016 年，中國有一項名為「黑鏡」的實驗。這回卻是在騰訊網的直播下，要求參與者度過一星期「無網路、無智慧型手機、無電子螢幕」的生活。會有這樣的實驗，當然是因為網路、智慧型手機、電子螢幕已經密實地滲透到中國中產階級日常生活工作的方方面面，「反璞歸真」反而成了是件稀有難事。

從 90 年代的數位稀缺與落後起，中國在十幾年間完成了商業意義上的數位跳蛙，成了在全球尺度上與美國並列的大型數位經濟體。如果比較美中兩國，美國長時間身為全球的先驅者，數位原生企業不斷外拓新創應用的前沿，實體原生企業則多半與時俱進地謀求虛實整合。相對地，中國實體原生各業的經營，因早年人才稀缺、管理能量有限、官商資本互搏，而政商關係晦澀糾結等因素，始終較為粗糙。但原生於互聯網的企業，則在過去十多年間正好抓住契機，在數位引導的各種破壞性創新浪潮上衝浪，由早期的山寨，到適應市場特性的變種，再因市場規模給予的規模經濟優勢，由後進而跳蛙至全球量級的經營。**這個跳蛙的過程，當然與中國總體經濟的成長息息相關，同時也要部分歸功於**

中國實體經營的相對粗糙與落後——因為實體條件相對不成熟，數位場域裡端得出來的替代性服務，便容易贏得需求端的共鳴。也因此，數位發展的意義在美中兩個市場中，實有本質性的差異。以未來我們將討論的金融科技與互聯網金融來說，在美國，因為信用體系的成熟，數位金融較似既有金融服務的線上補充。而在中國，互聯網金融則針對傳統上未能受到妥善金融服務的「屌絲」客群，從線上落實普惠金融，是金融跳蛙發展的成果。

海峽另一端的台灣，以日治時期的現代化教育與設施、戰後逃難資本、土改催離出土的本土資本以及隨後的美援為基礎發展經濟。在國際經濟分工體系中，由民生用品出口而電子產品出口，民間資本逐漸壯大的過程裡，當代台資性格也在社會文化影響下慢慢成形。與中國由世紀之交起十來年的互聯網跳蛙過程平行，這樣的台灣資本性格，一方面驅動硬體代工體系的擴大與外移，一方面牽引內需市場實體發展的持續充實化。但也因為台灣資本累積過程裡的「路徑依賴」脈絡①，數位發展，尤其是相關發展所憑藉的數位槓桿（各種我們先前所討論），先天不容易存在於既有台資企業的經營思考與想像主軸上。我們將在本書結尾，繼續討論面臨數位變局之際，台灣資本性格的影響與局限。

---

①：路徑依賴（path dependence），依維基百科中文版的詮釋，指「給定條件下人們的決策選擇受制於其過去的決策，即使過去的境況可能已經過時」。

其實也不只台灣如此。同時期歐陸碎片化的市場裡，數位發展的幅度與速度也與美、中這兩個前沿代表大不相同。如歐洲風險投資資本，相對而言便對於新創事業的盈餘前景要求較明確。此外，歐洲市場較常見 B2B 而非 B2C 端的數位新創、消費端仍大幅倚賴電腦而非智慧型手機等，都是該市場的數位發展特性。這些特性背後，同樣是既有發展路徑所導引出的路徑依賴現象。

「互聯網＋」金三角

前述的中國數位跳蛙發展，讓「互聯網＋」的說法出現自中國，而不是世界上的其他市場②。當中國長時間倚賴廉價勞力進行低價製造的經濟成長模式已無法延續之際，中國官方政策性地宣告「互聯網＋」大方向，圖以互聯網商業應用各方面的發展，拉動發展腳步相對落後的傳統領域。**「互聯網＋」可說是中國透過已完成跳蛙、相對成熟的互聯網應用，去影響牽引傳統各領域。**這樣的企圖，透過生產方法、交易規則、管理技巧與思考模式的改變，把整個經濟推向現代化。此外，「互聯網＋」還有另一層

---

②：一般認為「互聯網＋」一詞，由易觀國際董事長于楊於 2012 年首度提出。2015 年 3 月，中國總理李克強在兩會期間則正式將此一說法帶入官方語彙中。

「化合作用」的意涵：互聯網＋XX，就像化學裡我們學到的某種元素結合上另一個元素，而成為與原來兩種元素面貌完全不同的化合物。

在其他市場裡，雖並不以「互聯網＋」為名，也不一定有國家政策的具體引導，但企業進行數位轉型的必要與必然，逐漸在各市場中被意識到。在這樣的趨勢之下，數位牽引的金融轉型（或謂「互聯網＋金融」），就指向 Bank3.0 時代運用「金融科技」所造就的互聯網金融。數位牽引的工業轉型（或謂「互聯網＋製造」），便指向「工業 4.0」。數位牽引的零售轉型（或謂「互聯網＋零售」），就指向「全通路」經營趨勢。而數位牽引出的媒體變貌（或謂「互聯網＋媒體」），就指向「新媒體」的方方面面。

如果把中國的政策意圖先放一邊，純粹就商業世界裡典範移轉的角度來看「互聯網＋」，那麼「互聯網＋」這件事在各個垂直領域裡的落實，就要從數位槓桿應用於下頁圖 6-1 所呈現的架構中來談起。

要讓「互聯網＋」的概念落實，仍需要從顧客經營這個原點出發。無論是 B2B 或 B2C 的顧客，或許直接透過平台，或許憑藉物聯網下的各種感應器，接受各種服務，發生各種行為。**這些活**

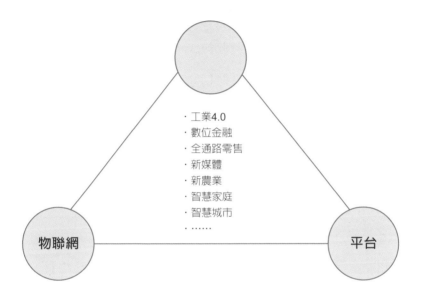

圖 6-1：「互聯網＋」金三角

· 工業4.0
· 數位金融
· 全通路零售
· 新媒體
· 新農業
· 智慧家庭
· 智慧城市
· ……

物聯網　　　　　　　　平台

動與行為，都在聯網的數位情境中轉化為數據。數據經過分析，再用以反饋顧客、優化服務，提升環繞著顧客行為的體驗。平台、物聯網、數據，就是圖6-1所示的「互聯網＋」金三角。

讓我們先看幾個「互聯網＋」情境中，多方運用數位槓桿的例子。

先談本書著墨較少的農業。不管在哪個市場（包括台灣），歷來多見打造數位產銷平台，直接對接產地與終端消費者，避掉傳統農產運銷通路層層剝削的企圖。只是迄今這類純交易平台，通常受限於經營能耐、眼界與資金等因素，還沒能奢言規模經濟與範疇經濟。甚且即便觸網通電，在平台雙邊所蒐集到的數據，基本上仍然稀疏有限。但是發揮各種數位槓桿作用的「互聯網＋農業」，其實已在越來越多的場景中被嘗試、驗證。

先說生產端，例如富士通實驗將電池壽命長達五年的聯網計步器裝置於牧場的牛隻身上，透過即時數據傳輸與後台分析，除了可由每頭牛的步履踩踏偵測其健康狀況外，甚至還因為能掌握牛隻發情前的踱步型態改變，提高人工授精的效率。這是物聯網應用結合數據分析鎖打開的農畜經營新大門。更一般化地看，農業生產前的土地取得與生產資料購買融資、生產中的作物牲畜管理與現金周轉、生產後的物流與行銷，傳統上都是中小型農戶的痛點。「互聯網＋」情境裡，產生各種結合平台與數據而解決這些問題的新模式。例如中國的「雲聯樂牧」，就是針對養羊事業的這些傳統痛點，所提供包括融資與產銷解決方案的企圖。

至於消費端，最直接與農產消費相關的便是生鮮電商。早一波的生鮮電商，通常因為冷凍冷藏物流的耗資、新客開發成本的

高昂而成長不易，無法取得規模經濟的結果，常常面臨倒閉命運（如台灣的吉甲地）。但是晚近在美國，如Amazon與Google，都大規模投入生鮮電商的經營嘗試。在中國，如京東一類的大型電商，直接從產地批貨，配合多年來重資建置的自營物流體系，做起「把山東煙台的櫻桃送到你家」一類的生意。對於這些平台而言，在客群已達規模經濟的基礎上，透過數據與平台建置涉足農產，求的是範疇經濟的再發揮。

另外，我們再來看看與眾人日常生活更貼近的一件小事：刷牙。即便是大家每天只花幾分鐘做的小事，只要結合物聯網、平台與數據，「互聯網＋刷牙」也能玩出許多一方面對於消費者有實益，另一方面有實際商業價值的創舉。首先，口腔衛生用品大廠歐樂B，針對家長們所苦惱的小朋友不愛刷牙一事，結合迪士尼卡通人物，推出了很受歡迎的刷牙手機應用，讓小朋友只要刷滿兩分鐘牙，就能看到喜愛的卡通人物圖像。當然，事關牙齒保健者不只刷牙時間，更重要的是刷牙動作的正確性。對此，歐樂B開發出裝有感應器的電動聯網牙刷硬體，結合藉這硬體聯網分析刷牙動作的行動應用，一併提供到市面上。這件事便關係到物聯網與數據。接下來，歐樂B更把行動應用的SDK（software development kit）公開給第三方軟體開發商。這便在物聯網與數據

的基礎上，再造就出一個平台，完善了圖6-1所示的「互聯網＋」
金三角。

　　涉入「互聯網＋刷牙」，當然不止歐樂B這樣的大廠。像是
新創事業 Kolibree，同樣採取如歐樂B所做的軟硬體聯合提供模
式，但透過更有趣的刷牙遊戲應用介面（而不是歐樂B軟體上的
儀表板式功能型介面），把刷牙變成是小朋友之間可互相比賽的
趣事。**遊戲化的物聯網介面，結合物聯網與數據，成為打到用戶
痛點的應用**。既然原來數據稀缺的個人刷牙行為，都能透過物聯
網而實時取得確切感應數據，那麼與刷牙有直接關聯的（在美國
較為常見的）牙科保險，當然便可搭上同一班「互聯網＋刷牙」
列車。美國的新創平台事業 Beam，便經營起這樣的生意。它一方
面以「刷牙刷得越徹底，牙科保費越低」為訴求，提供聯網電動
牙刷與行動應用軟體給保戶；另一方面將用戶端的數據，提供給
該平台媒合的保險公司與牙醫。在這些「互聯網＋刷牙」的應用
例子裡，透過物聯網與數據的支持，我們看到新型態的「化合作
用」，指引收關顧客體驗的價值創造與遞送。
　　以上例子以及本書中所談的其他事項，都可說是在現有技術
下，市場上已經產生的各種「互聯網＋」事例。放眼未來，無論

是現在方興未艾的VR應用，或是剛處於萌芽階段的各種區塊鏈技術，一旦成熟、普及，都將在第147頁圖6-1所示的金三角概念架構下，推演出新一波的「互聯網＋」發展。

數位推土機

　　一個企業，無論歷史悠久或是新創，如果發力深耕前述的數據、平台、大數據等「『互聯網＋』金三角」裡頭的任兩角或三個角，且如本書上篇所述，**懂得運用若干數位槓桿，以體驗為支點撐起顧客經營，以數據為支點撐起價值創造，以創意為支點撐起價值溝通，以成本結構為支點撐起規模經濟，以規模經濟為支點撐起範疇經濟，那麼這樣的企業，便加入了本書所謂「數位推土機」大軍的陣容。**在這樣的比喻裡，由於數位槓桿的連鎖運

《華爾街日報》對於歐樂B聯網牙刷的評測短片

作，數位推土機可以耗能小、功率大地剷平既有圍籬，改變傳統上由產業疆界所定義的競爭局面，並對於變型較緩慢的既有企業造成威脅。

過去二十年間的數位發展，已經見證了一系列數位推土機的摧枯拉朽。Line 在台灣的普及，讓電信業者語音收入大減。Uber 在全球各市場，嚴重地挑戰傳統重度管制的計程車業經營。B2C 電子購物的方便，逐漸讓傳統零售商面臨壓力，讓長久以來被認為是穩賺不賠生意的商圈店舖包租公包租婆皺眉。金融科技山雨欲來，讓雜誌封面預告傳統金融業數十萬從業人員飯碗岌岌可危。

2012 年 Facebook 宣布將以 10 億美元收購 Instagram，一位《華爾街日報》編輯曾發了個推特文：「記住這一天。才創立 551 天的 Instagram 價值 10 億美元，已經 116 歲的《紐約時報》，總市值才 9 億 6700 萬美元。」

但這一切，從歷史角度張望，拉長時間軸來看都只是巨變的開場而已。

如果以本書開頭所提及的戰爭中轟炸來比擬，我們在商業世界裡當下所見證的數位推土機陣容，不過就像是 1917 年德軍的哥塔轟炸機，雖可在局部範圍內致命，但還沒全面對戰場產生決定性影響。未來二十年內，功率日益強化的數位推土機，憑藉著應

用更加純熟的各種數位槓桿，將會給這世界帶來更大的改變。

以稍早本書中討論過的音樂領域爲例，經過模式的遞嬗，現在流行音樂公司的商業模式已與以往截然不同。例如台灣的華研國際，CD 銷售僅占營收不到百分之五，音樂授權占營收比約四分之一，剩下的百分之七十左右營收則來自演藝經紀收入。然而這樣的流行音樂商業模式，還將繼續接受新的數位推土機挑戰。2015 年，阿里巴巴集團的「阿里音樂」成立，由提供歌曲下載的「阿里星球」、經營粉絲的「粉絲遊樂」、總攬音樂場地、製作、廣告等後勤項目的「幕後英雄」三個業務軸線所構成。這個事業群結合阿里旗下由淘寶、支付寶到高德地圖、微博等用戶數據，在精準行銷的企圖下，剖析紛絲的行爲與態度面貌。另一方面，在平台經營的另一端，則將啓動連結音樂人與音樂機構，從詞曲創作、音樂製作到商務演出等各種服務。這樣的數位推土機，直接挑戰流行音樂既有的價值鏈。③

打造「互聯網＋」時代的數位推土機，其實用不著事必躬親樣樣自己來。例如前章曾提及的美國 BMW ReachNow 服務，用戶端憑藉手機應用程式，便能簡單獲得隨時隨地短租 BMW 汽車。在這樣的嘗試裡，BMW 一面巧妙地讓用戶試駕體驗該品牌汽車所標榜的「巴伐利亞工藝技術」，一面蒐集鉅細靡遺的各種用戶行車

數據，一面學習如何由銷售產品轉而銷售服務。而整個ReachNow的營運管理，則由一家提供包括共乘、共駕等mobility-as-a-service（MaaS）車隊管理服務的企業RideCell所提供。也就是說，**數位推土機連引擎都可以外包。無法外包的關鍵核心，則是理解各種數位槓桿的支點與作用力，以及憑藉這樣的理解而善用數位槓桿的能力。**

　　接下來，我們將探討傳統實體原生企業面臨「數位推土機」威脅時的轉型問題，並且檢視「數位推土機」，將會如何改變傳統競爭場景中的各項地形地貌。

③：舉例而言，相對於音樂產業裡靠資深A&R（artists and repertoire）挑歌選曲的傳統模式，阿里音樂的施工圖裡呈現這樣的新可能：把全球最大版權代理公司BMG所代理的15萬詞曲作者，過去寫過但沒發行過的200萬首歌搬上阿里星球，讓平台上的歌迷隨機聆聽，聽完後鼓勵用戶去tag，不用多久有商業價值的歌，自然就浮上檯面。

第七章

數位俱樂部

位元調動原子的新世界

　　人類的文明史，自古以來是一個以組織之力，在實體世界中調動「原子世界」資源的歷史。也就是說，很長很長的一段時間裡，歷史是「原子世界」的歷史。原子世界中各種實體乃至無形（如信用、關係）資源的調度、運用、轉移，都伴隨一定程度的摩擦力。從經濟學的角度詮釋這些摩擦力，就是交易成本。

　　本書所討論的一系列數位槓桿，基本上可看成是數位時代裡以位元（bit）帶動原子，而讓原子世界裡組織所欲見之資源調度、運用、轉移等摩擦力降低的各種可能。傳統的各個產業疆域裡，正因為摩擦力降低所意涵的交易成本結構陡變，而見到數位

推土機正以轟轟之勢移山填海。

　　向未來瞻望，這位元與原子交織並存的多變世界裡，數位推土機的功率將不斷放大。在可預見的未來，數位推土機推鏟下的各工商場景，將有以下的共相。

（1）消費導引一切

　　Airbnb於2007年始業時，以air bed & Breakfast之姿所切入的需求，是傳統旅遊業（無論是旅館業還是旅行社）過往不會太當回事的一種需求。Uber經營需求的模式，是迄今包括台灣在內的許多市場裡有違法規的模式。但是數位競爭的邏輯，已不是傳統原子世界中的企業遊戲規則「我認識誰誰誰」「我能提供什麼給市場」，或是公部門「你只能做什麼、不能做什麼」的邏輯。進到位元調動原子的時代裡，成敗的關鍵是：「顧客要不要我」。即便是看來離消費端有段距離的工業4.0想像，核心概念也是在互聯情境下，建構終端顧客驅動的柔性生產鏈。

　　因此，無論是跨範疇的經營、以創意為支點的溝通、憑藉數據所進行的優化與開發，**數位槓桿的作用本質，都是掌握數位情境裡低摩擦力的優勢，創造新價值，經營顧客群。**也因此，數位

槓桿作用下的所有場景，都是通路。此時經營的重點，是圍繞著顧客在各種場景下滿足需求的體驗，而不是圍繞著商品的體驗。

（2）經營市場上的稀缺

在消費引導一切的局面裡，消費者到底要什麼？

越來越多的消費者，屬於自小就生活在數位環境中的「數位原住民」；年紀較長者，也多是「數位新住民」。這兩類消費者，都漸漸習慣從數位平台上取得「為我而做」（Do-It-For-Me，DIFM）的消費體驗。環繞著生活所需的各種Google服務、串聯朋友圈的臉書訊息、幾小時送貨上門的電商購買、隨時隨地線上招呼的Uber服務、有三千萬首歌曲隨時隨地供聆賞的音樂串流，不同的場景裡在在提供了客製的、碎片化的消費滿足。

面對這樣的改變，大衛·鮑伊（David Bowie）生前（在2002年）便曾就他所熟悉的音樂場域預言：「音樂本身將會變成像自來水或者電網一樣的東西。」不只音樂，在每個場景裡，**客製而碎片化的消費滿足，都讓消費者與消費物間的關係起了巨大的改變：廣度增大、深度減少，刺激隨處而來，輕薄的需求隨時被滿足，挑戰的欲望降低。**

這時候，在消費端眞正有價值的，是消費者不斷被片段化服務餵養下仍有稀缺的「東西」。這「東西」，可能是過往市場上因資訊不對稱所生鴻溝的塡補──如中國曾經興盛的互聯網醫院代掛號；可能是日常生活中無法取得的經驗──這便是 VR 技術未來的商業價值所在；可能是「老這樣總這樣」的世界裡一個醒目的驚嘆號──這便是數位溝通的槓桿支點所在；可能是更方便更多元的「爲我而做」──這便有賴數位經營者發揮由體驗創造數據，由數據經營新體驗的能耐。

（3）模式的創新有賴對「熟悉」的抗拒

一般認爲，現代裝有內燃機引擎的汽車，正式出現在市場上的時間是 1886 年。有趣的是當時的汽車，採用傳統船艇的舵柄設計來操控車輪轉向。從現在的角度來看，那樣的設計是費力且難以精確控制方向的。要一直等到幾年後（1894 年），汽車以方向盤操控的設計，才開始被車廠採用。

如同這裡所提到的汽車方向操控的例子，在價值迭代創造、模式不斷翻新的顧客經營過程中，有個需要抗拒的重力場──對既有模式的熟悉。迄今我們見到在市場上受到歡迎、改變市場

地形地貌的創新，如 Amazon Echo（不是「更好用的電商網站設計」），如支付寶（不是「更普及的信用卡」），如 Uber（不是「服務更好的計程車隊」），都是與傳統做法脫節的模式。未來，無論是 VR 的拓展，或者是區塊鏈技術的多元應用，**有意義者必然也與目前市場上所熟悉的模式大不相同。**

（4）數位領導者在原子世界中占有短期優勢

對於新古典經濟學裡「長期均衡」的想像相當不耐的凱恩斯，有句名言：「長期而言，我們都死了。」（In the long run we are all dead.）在數位變局裡，要規畫出未來長期發展的詳細路徑，無異說夢。然而我們也看到，當下的數位領導者們，因其成長軌跡使其更嫻熟於掌握數位槓桿，短期而言已在驅動原子世界資源這件事情上，占據了若干競爭優勢。

雖然不說「互聯網＋」，但 Google 多年來幹的其實就是「互聯網＋」的活。重組改名成 Alphabet 公司，更是彰顯它由「組織全世界的資訊，使其到處可用」的使命出發，邁向各領域的「互聯網＋」企圖。前章曾提及這樣的企圖須落實於數據＋平台＋物聯網的經營裡。Google 在這方面，除了眾所皆知的自動駕駛車外，

向有一系列面向未來世界的開發專案。例如 Project Jacquard，是一個讓一般衣料可以聯網互動的「布料2.0」開發企圖，透過與合作廠商聯合開發，將金屬傳導絲線與一般紡織線料整合的技術。開發出來的紡線，與傳統紡線的外觀無差別，且可透過一般紡織機具織成布料。只要將感應區與縮版電子零件結合織成的布料，就可創造各種穿戴時尚應用。

此外，Facebook 目前的經營與布局（中國等少數市場除外），在智慧型手機通訊的場景中，就如過去微軟在 PC 場景中般，占住關鍵的節點。又如 Uber，在全球擴張成局之際，展開各種新型態的零碎化按需服務實驗，運用數位槓桿一層層將其共享模式，滲透到物理世界中。

從此處 Google 的說明，
可以一窺 Project Jacquard 如何落實「布料2.0」概念

轉型，快與慢

「經驗是阻礙改變的絆腳石。」

「經營就是因應一切的變化。」

「能毫不猶豫地面對變化進行改變，是領導人的必備條件。」

這些鏗鏘有力的斷言，是奠定當今日本（並附帶影響台灣）密集、細緻便利商店經營型態，有「新經營之神」之稱的前日本7&I 控股公司（下轄伊藤洋華堂與日本 7-Eleven 等連鎖零售流通事業）董事長兼 CEO 鈴木敏文所言。2013 年他曾感嘆：「我在公司內談整合實體店面與網購已有一段時間，但沒人認真看待。」當年他還從旗下涵蓋 7-Eleven、伊藤洋華堂、SOGO、西武百貨等零售事業體的集團中，派出約 50 名主管，前往美國參訪全通路經營有成的企業。但是時至 2016 年鈴木敏文辭職之際，做為其集團線上經營主力的 omni7 電商，在商品種類與物流速度等方面，仍遠遠落在日本 Amazon、樂天等網路原生服務之後。

百分之九十的美國人，住家十英里內就找得到一家沃爾瑪；

而這些美國人中有八成，一年內至少去沃爾瑪購物一次。雖然這個全美有五千多家店的零售業者，十年來營業額一直占美國市場零售總額10%到12%間，以此龐大的量體做為零售業龍頭，但它也日益感受到來自Amazon的電子商務壓迫。雖然像沃爾瑪這種超級購物中心，號稱可以上架容納12萬種不同商品，但有長尾優勢的Amazon，單單女裝類就有近200萬種商品。沃爾瑪近年來大力發展電商，將電商總部設在遠離阿肯色州總部的矽谷，以圖積極趕上各種數位應用。沃爾瑪甚至還仿效Amazon的金牌會員機制，實驗49美元年費的免費運送。但它的線上營業額與線上營業額成長率，卻始終遠落於Amazon之後。**沃爾瑪的尷尬，其實是所有實體原生業者往線上發展時都會碰到的尷尬：一旦實體經營者跨足線上且欲加強虛實整合，就面對營收與利潤無法兼顧的兩難。**這兩難，來自線上端技術面、物流面所需的新投資、線上線下價格差異、店點以外的新增物流處理成本等。

這前後日、美兩個例子，都在實體稱王既久，但數位轉型過程中一進到線上經營，便開始左支右絀。經營者既非盲於趨勢，也不是疏於圖變，只因數位發展的邏輯實在與實體世界大相逕庭，線下的優勢很難移轉到線上，而過往線下成功所積累出的龐大量體，甚至可能反成為轉型時的包袱。

　　傳統經營型態企業的轉型，這時候的一個大前提是：**領導人是否願意帶領整個組織，忘掉昨天的美好，追求明天的生存。**

　　中國的實體零售業巨頭蘇寧，幾年前宣示「寧願找死也不願等死」，中國百貨業很有代表性的銀泰百貨，也異曲同工地意識到「與其被別人打翻，不如自我創新變革」。近幾年，它們都在領導人這樣的認知下大刀闊斧地（同時也是傷筋動骨地）轉型，往虛實整合之路走。其中蘇寧於 2015 年夏天與阿里相互入股，開始重度的策略聯盟經營。10 個月後，雙方宣稱已透過「深入血脈和神經末梢的融通」，逐步打通電商、行銷、售後服務、物流、金融、大數據等體系，並宣稱將透過「激能品牌商」「賦能零售商」「服務消費者」，提供零售產業鏈內的完整解決方案。銀泰百貨認知到電商壓力後，也宣示線上線下同款同價，並聯合太平洋保險公司推出「任性退」，只要同款商品高於網路售價就賠。此外，也引入阿里巴巴集團的資源，讓阿里巴巴成為銀泰最大股東。這都是傳統原生的企業認清時勢之後，企業領導人壯士斷腕，尋求外力牽引的轉型求生企圖。

關於中國銀泰變革意識的文字報導

　　傳統電腦領域大品牌IBM，在目前雲端運算的浪潮下，若干產品端乃至部分技術端的傳統優勢也已漸漸褪去。憑藉著長年經營累積的品牌信譽與顧客基礎，它的應變之道是由「設備供應商」轉而成為「服務供應商」角色，再轉變朝企業「合夥人」角色發展。在賣掉PC部門後，IBM已無直接與消費者對接的機會，因此所謂的「合夥人」角色，主要就在於IBM的數據能力。在B2B場域中，IBM從體育、行銷、金融到醫療的各種場景裡，企圖成為企業顧客數據化經營的諮詢夥伴。這樣的轉型變化，同樣來自強而有力的上層領導。

　　迎接數位衝擊，全球公認為「質報」的《紐約時報》給自己訂了個2020年之前數位營收加倍的計畫。執行總編為此發了一份備忘錄給員工。這份備忘錄列出這家傳統大報短期內的變革方向。在策略上，由於數位空間中有太多管道可以滿足讀者的一般性新聞事件掌握需求，《紐約時報》將聚焦數位空間中真正稀缺的東西，也就是權威、可被信賴、只有硬底子的《紐約時報》才有辦法做出的報導。在形式上，記者將被要求以更活潑、更多視覺元素的方式進行報導。編輯將不再費神於平面報紙作業傳統的「版面安排」，致力聚焦於把報導做到位。至於平面印刷的版面，則將由專門排版小組負責。新聞室將突破好幾代間積習導

致的官僚作風，敏捷且無畏地迎向新局。這種種改變，對於百年大報而言當然不是件易事。但是帶領轉型的指揮官說：「唯有如此，我們才能確保我們的新聞專業野心於不墜。如果我們怠惰不前或者怯於改變，那麼《紐約時報》將成為昨日黃花。」

　　此外，就數位布局的決策而言，以「短期」還是以「長期」進行盤算，無論對顧客端還是後台，都會產生很不一樣的結果。本世紀初，在包括搜尋、電郵信箱等項目上 Google 和 Yahoo 還在彼此競爭時，Yahoo 著眼於快速增加伺服器的需求，採用 NetApp 企業資料儲存系統；Google 則做苦工打底，花 4 年時間開發出建構於一般商用伺服器上的 Google File System（GFS）。當 Google 還在苦苦開發的階段，採用 turnkey solution 的 Yahoo 看似取得先機，但也逐漸嚐到 NetApp 較為片段的架構，在新增各項業務時應付吃

《紐約時報》執行總編2016年發出的備忘錄

《紐約時報》所製作，報導難民生活的虛擬實境影片

力的苦果。相對地，Google的GFS因為一開始就規畫了要應對各種無法預測的新業務需求，架構彈性很大，有效地支援了後續各項新創與併購過程中展開的新業務。

時機，則是數位經營中另一項關鍵因素。機會之窗何時開啟、何時關閉，個別企業無法控制，甚至也難以預測。數位環境裡的經營，只能在已修練厚實底子的情況下，從長期經營客群的角度出發，抓住眼下的機會，不讓自己被既有的產品模式或服務模式綁死。此處我們以中國攜程和小米這兩個例子，來說明數位經營裡時機的重要。

對於單一企業而言，機會的開啟或關閉，可能來自既有供應鏈夥伴的數位轉型。中國以攜程為代表的線上旅行社（Online Travel Agent，OTA），過去機票代理業務是營收裡的重要一環。但近期它們則面對供應鏈上游的國有航空公司奉政策指導，加速由航空公司官網直營機票販售的去通路中介壓力。票務收入原占攜程營收將近四成，但機票代理費在政策指示下，一年內便從3%降至0。來自機票的營收源銳減狀況下，攜程幸有華人圈中旅遊主流型態的旅行團業務成長挹注，以及旅館訂房收入的灌沃，才沒因機票收入的減少而被嚴重拖累。

小米手機初上市之際，正碰上智慧型手機市場快速成長，而

中國廣大的「屌絲」市場自我認同的需求還沒被主流品牌滿足的機會窗口。憑藉著米柚作業系統的打底，第一代粉絲的擁戴，相對高CP值的產品，鮮明而對目標客群有擴散渲染力的定位，小米就占住了中國市場那幾年間的機會窗口。而後小米開始涉足路由器、行動電源、空氣清淨機、電子鍋等非手機產品。原因之一是智慧型手機的「風口」已過，加上華為、中興等大品牌的入局，讓小米在手機端的機會之窗，客觀而言已快速縮小。原因之二，則是在此情境下，憑藉既有小米用戶群的規模經濟以及小米擅長的顧客溝通為雙槓桿，經營範疇經濟的企圖。

數位新局裡的組織

對於數位發展的討論，一般不常觸及組織的層面。然而一個企業無論新舊，能否常態地、到位地應用數位槓桿，決定這企業的組織面能否提供相應的支持。**傳統的實體原生企業，倚賴各種規則讓員工依循以標準化行事，追求眼下的高效率，因此抓牢KPI，盡可能避免犯錯。一旦市場開始快速變動，遊戲規則改寫，**

這樣的企業，因為依循確立規則行事的組織慣性，通常難以適切地因應變局，而與下一個階段的大局越行越遠。另外，數位經營所繫的顧客導向核心精神、數據統整、分析與應用的能耐，所牽涉者都遠不止企業內單一部門，而是整個組織的事。因此，**組織的結構、文化、績效獎酬等面向的調整，實是長期而言企業數位經營成敗的關鍵所在**。我們就來看看**實體原生企業，數位轉型過程中組織面的相應調整**。

軟體大廠Adobe面向「軟體即服務」（Software as a service，SaaS）的趨勢，於2011年將原有含Photoshop等軟體在內的Creative Suite（CS）套裝軟體雲端化，推出訂閱型態的 Creative Cloud（CC）服務。2013年，並且進一步終止了對套裝CS的支援，全盤移向CC。此外，一連串綿密的併購，也將許多第三方數位新創事業納入旗下。在這樣茲事體大的變革過程中，Adobe將績效指標明確連結到訂閱客群規模以及既有客群維持等，與企業長期發展息息相關的面向上。此外，認知到訂閱客群的維持與擴大，端賴不斷的價值創新與遞送，Adobe除了併購之外，也積極推動內部創新。它讓員工隨時可以申請一套紅色盒裝的「Kickbox」內部創業工具箱。這工具箱扮演創業指南與天使基金的雙重角色。創業指南部分，涵蓋一般坊間對於產品開發的實務經驗，提供六個可依循的步

驟，每個步驟透過系列的題目演練，傳授該步驟的重點。譬如最後一個步驟，就傳授Adobe員工如何向主管有效率地「兜售」新點子。天使基金方面，每個工具箱內有一張千元美金的預付卡，可供使用者的專案開發目的自由支用。工具箱內還包括設計思考實作中需要的筆記本、便利貼等物件，甚至還象徵性地提供滿足新創過程中生理需求的星巴克禮品卡和巧克力棒。整個Kickbox的設計，彰顯Adobe試著藉由有形的象徵性硬體，將轉型所需的創新文化注入組織中的努力。

在組織設計上，韓國最大手機應用供應商Kakao，以「4＋2」型態的產品專案小組模式聞名。「4＋2」係指四人團隊、二個月。此一模式下，每項開發專案的團隊包括兩名軟體工程師、一名設計師與一名品牌經理，以二個月為期全時密集進行專案開發。若到時無法產出預期效果，則放棄該專案，轉而開發新專案。

再以本書多次提及的星巴克為例。2008年星巴克重新請回霍華·舒茲（Howard Schultz）擔任CEO，他便設定新的發展軸線是：顧客想往哪裡，星巴克就要往那邊去。在這樣的軸線上，他

Adobe Kickbox相關介紹短片

曾總結星巴克的做法是：「向顧客傳遞星巴克體驗時，不僅僅是在星巴克的物理空間裡，我們希望將它延展到數位空間，包括移動平台。」除了堂而皇之的宣示外，這樣的理想當然需要組織面的支持。這方面星巴克早早便設立了公司數位長（CDO），以統合掌管星享卡、客戶忠誠計畫、數位行銷等業務。此後，星巴克由數位長與資訊長（CIO），從公司的策略層面制定與實施新數位作為，並以CEO＋CDO＋CIO組成數位化戰略領導小組，導引整個公司的文化廣納連結顧客、提升體驗的各種數位可能性。

　　整合線上線下的經營裡，線下人員的角色調整與相對應的績效獎酬，也是管理實務上必然會面臨的難題。這方面，英國新創汽車代理商Rockar，示範了一個改變傳統崗位工作職掌與績效獎酬方法，以進行差異化顧客導向經營的新模式。Rockar透過網路以及唯一的一家倫敦展示門市進行銷售，目前主要銷售韓國現代汽車。倫敦市區的展示間裡，展示人員只拿薪水不拿銷售佣金；僅負責協助顧客了解展示的車，而不承擔任何業績壓力。它從顧客研究裡發現，不少顧客其實已蒐集足夠資訊，不一定要求試駕，僅想要最為便捷的購車與交車程序。因此Rockar的服務設計，便以給顧客最大的賞車、試車自由度，最小的干擾為前提。

　　當然，自始便熟悉位元世界的數位原生企業，迄今經營有

成者，其組織面的各項安排以及思考，便更具體地指向低摩擦力情境裡組織的變貌。底下，我們將看到，這些組織有著年輕、精簡、混搭、重視人才、鼓勵內部創業等特性。

（1）年輕

阿里巴巴集團從2003年即啟動接班人培訓計畫。2015年年中起，第三任CEO由1972年出生的張勇擔任，一線業務總裁也都是70後。此外，整個集團中任管理職者已有超過半數是80後。根據馬雲的說法：「數據科技時代，任何業務上的創新和變革，都必須伴隨組織文化上的創新和變革。」而這些變革，本就應由相對理解新情境的年輕一代來引領與承擔。

（2）精簡

Uber要進入一個城市展業之前，先透過後台數據，掌握曾在該城市打開過Uber應用軟體的用戶數。只有當數值累積到一定程度時，總部才派遣新市場開拓團隊進駐。這個四處征戰的團隊將灘頭堡建立後，便交給派任於該城市的總經理。每一個城市業務

初開展之際，Uber採取「總經理＋行銷經理＋營運經理」的標準
團隊編制。也就是說，一個城市由三個Uber員工管理。

這三個人之中，城市總經理統籌策略性工作與成本管控。行
銷經理掌管行銷、公關、創意，需求端管理，品牌經營。營運經
理則負責數據分析和資源配置，供給端管理，服務品質管理。各
城市團隊在成長的壓力下，並沒有長期營運計畫（因為計畫不可
能趕上變化）；每日每月每季的績效壓力，則來自成員可實時透
過內部系統掌握的該城市營運狀況（客服回覆速度、接單率、好
評率、業務增長等），以及該城這些狀況的全球相對排名。

（3）混搭

Airbnb的組織設計採矩陣式。矩陣組織中，做為核心單元的
是由包括產品經理、數據分析師、工程師設計師等約十人組成的
任務團隊（部分團隊成員並兼跨數個團隊）。在這樣的設計下，
每個團隊負責Airbnb的一個獨立產品區塊，設定任務目標，並
被鼓勵與其他團隊協作。例如負責「房東」端的團隊與負責「房
客」端的團隊緊密聯繫，才能在平台上提供完整的用戶體驗。由
於要維持企業運行所倚賴的文化，所以Airbnb傾向不從外界找尋

經理人。

（4）鼓勵內部創業

Google內部成立名爲「Area 120」的創新育成加速器，進一步延伸原就有名的員工20%（每週一日）時間投入創新發展的做法，讓員工能以6個月的時間運用Google資源，全心投入新創發想的實現。

（5）重視人才

線上影音服務商Netflix有非常鮮明的組織文化，特別強調人才的重要性。創辦人哈斯廷斯（Reed Hastings）認爲既然要打造冠軍團隊，就得要有能協助打勝仗的員工，這樣的員工，當然是Netflix珍惜的人才。Netflix也很強調員工對於組織文化的認同與適應；如果員工無法與組織文化相配適，Netflix付最少4個月薪水的資遣費，讓不合適的員工離職。這種高資遣費的做法，背後的邏輯是：有如此優渥的資遣費，企業可以確定留下來的員工能高度融入企業文化，管理者也不必爲了需要開除人而感到掙扎。

Netflix 你學不會

為了闡明 Netflix 的組織文化，以及這個文化對於人才的態度與期待，Netflix 創辦人哈斯廷斯曾製作一套內容長達百餘頁的投影片，希望每一個入門的新人詳讀。

這套投影片檔案的標題是「Netflix 的文化：自由與責任」（Netflix Culture： Freedom & Responsibility）。其內容開宗明義提示了在「自由」與「責任」這兩個看似衝突的價值間，不斷創新前行的 Netflix 文化。哈斯廷斯以多年前名噪一時的恩隆（Enron）公司為例，闡述什麼是企業奉行的「價值」。他指出，恩隆當初以「正直、交流、尊重、優越」（Integrity、Communication、Respect、Excellence）等好看好聽的字眼對外宣傳其企業信仰，還把這些字大大地鏤刻在總部門廳顯眼處。對照後來恩隆醜聞爆發並破產，這些漂亮字眼格外諷刺。相對地，哈斯廷斯認為企業真正的價值信仰，其實具體展現在什麼樣的員工被拔擢，什麼樣的員工被資遣之上。遵循著這樣的理路，Netflix 很明確地告訴員工，他們參與的不是支休閒型的業餘球隊，而是每個隊員都是明星的職業球隊。既然是職業球隊，就支付職業球隊的薪資水準，但也依照這樣的高標準進行人事聘雇、訓練與解聘。

哈斯廷斯告訴員工，Netflix 留才的唯一取捨標準是：如果這員工要去其他企業做類似現在所擔負的工作，Netflix 應不應該全力留住這個人？哈斯廷斯的投影片中甚至直接鼓勵員工定期向上司詢問：「如果我說我要離職了，你們會多努力留住我？」

但是不同於職業球隊一個蘿蔔一個坑，球員彼此競爭上場機會，哈斯廷斯指出，Netflix 有越多人才，就能成就越多大事。所以Netflix 期待的組織氣氛，是互相協助而非互相競爭。Netflix 因此完全不鼓勵由奇異電子開始，滲透到許多傳統企業裡的績效排序、按名額砍人制度。同時，Netflix 也不期待員工對於 Netflix 有無限忠誠，只要求員工在職時服膺績效導向，讓產出最大化（而非投入最大化）。

哈斯廷斯很直白地解釋為何如此看重績效導向、如此強調高報酬：「在傳統程序型的工作中，最佳績效產出可能是平均績效產出的兩倍，但在創意創新的事業領域，這兩者間的差距會高達十倍。」因此，Netflix 致力讓求職者自始就明白，這是個尊重卓越而非安樂穩當的工作場所。

投影片中哈斯廷斯認為，負責盡職者因自由而把事情做得更妥貼，因此也值得被賦予更多自由。因此，隨著企業價值的確定以及員工對於企業價值的認同，Netflix 在擴充的過程中組織管理的方

向，朝向給員工更多自由，而非更多限制。讓更多追求卓越也體現卓越者加入，便可免除為了成長而制定越來越繁瑣的規章，桎梏了稀缺的創造力。在 Netflix，規章因此主要用來防範財務面與資訊安全面的錯誤，以及避免道德上、法律上無法容忍的錯誤行為（如不誠實、性騷擾等）。

Netflix 的休假制度也很特別。直到 2004 年為止，Netflix 都和其他企業一樣給員工固定天數的年度休假制度。但是後來管理階層意識到，所有員工在不同的時間點上，有日以繼夜加班的苦工，也偶有需要臨時處理家庭重要事務的時候。既然 Netflix 的文化鼓勵的是成果而非投入，既然上下班也因此都不打卡，那麼為何要有僵固的休假機制呢？因此，乾脆就把休假制度整個取消了。也就是說，Netflix 的休假規定是：只要你能把工作搞定，愛休多少假都沒人管。為了怕沒有固定的休假制度就沒人敢休長假，Netflix 的高階主管常以身作則休長假。

此外 Netflix 還有另一個「沒有制度」的例子：員工的差勤旅費與交際費用的報銷。多數組織在這方面制定了非常詳細的規則，也建構一套相應的程序與查核機制；但在 Netflix，這方面的規範就五個字：「Act in Netflix's best interest.」（考量 Netflix 的最佳利益）。哈斯廷斯在投影片中指出，Netflix 這樣做是依循三個信念：

（1）組織越大，規則應該越少；

（2）雇用越多卓越表現者，可防止組織發展擴大時可能出現的紊亂；

（3）長期而言，彈性比效率來得重要。

給付市場同類型工作中最高薪資給員工，是以上這些理念的落實之方。一般企業招聘時會考量該職缺的市場行情，但錄用後的薪酬則依循企業內部的績效考核系統運作。Netflix的做法，則是招聘時與錄用後每年的評估，都以三個問題做為給付標準：

（1）這名員工若到別處可以獲得多高的薪資；

（2）現有員工若離職Netflix需花多少成本填補其空缺；

（3）Netflix要付多少才能留住這名員工。

因此，組織內自然就沒有固定調薪多少百分比這回事。此外，無論Netflix的短期營收或股價表現如何，這套機制都被貫徹。依照哈斯廷斯的說法，一支職業球隊在球季表現不佳時，仍須給球員有市場競爭性的薪資，除此之外球隊未來別無逆轉的指望。

也因為前述與傳統思考大相逕庭的企業價值、文化與做法，

Netflix 相信卓越表現者的成長，來自經驗、觀察、內省、閱讀、討論等自我驅動的個人修練作為，很明確地排除人力發展教科書裡的導師制度、工作輪調、職涯規畫等，傳統上被認為是良善的人力資源發展措施。哈斯廷斯相信卓越表現的員工所需要的，是對於工作情境（涵蓋目標、角色界定、知識、決策透明度等）的充分掌握，而非被管理。因此，經理人的職責，在於經營可以扶持員工產生卓越表現的情境，而不是企圖去控制員工。當組織發生某些失敗的狀況時，經理人被期待去檢討自己沒管理好哪些情境因素，而非去嘗試管控或責難下屬。

值得所有經營者不管認同與否，
都花點時間理解的 Netflix Culture 投影片

同一份投影片的簡體中文翻譯版本

領導者的責任

美國制度經濟學家蓋布雷斯（John Kenneth Galbraith），從羅斯福時代到詹森時代參與經濟政策甚深，20世紀中葉寫過幾本膾炙人口的經濟書籍，甘迺迪時代還曾出使印度。識人既多，他歸納出所有「偉大」領導者的共通本質：願意面對、承擔同代人感到困惑與憂慮之事。在我們的時代，數位槓桿以及其多元結合後的數位推土機，讓全世界各地無分大小、不論所營何務的既有企業，都有所困惑與憂慮。本章所討論的轉型與組織變革，很清楚地都需要新世代的商業領導者面對、承擔，從而帶領企業適應變局、再創新頁。企業面對數位推土機，螳臂擋車長期而言自然是於事無補的，那麼，領導者應該具備怎樣的修為呢？具備這些修為後，轉型過程中又應管理那些重點呢？以下我們引用兩個管理領域發生的概念架構，來回答這兩個問題。

首先，麻省理工學院史隆商學院一組研究團隊，早年曾提出過一個「四能力領導架構」（Sloan Four Capabilities Leadership Framework），指出變局中領導者應具備的四種關鍵能耐。以下，我們就借用這個概念架構來討論數位新局裡的變革領導。

（1）理解情境 （sensemaking）

簡單地說，就是掌握現況、了解不足、盤點契機、看懂趨勢。新世代的領導者，需要理解各種數位槓桿的作用力，體察組織面對數位推土機之際既有的不足以及可能的機會。這方面很重要的一個基礎性理解是：過往成功經營所仰賴的關係、市場結構與邏輯，只是歷史的偶然。至於經營數位新局所需掌握的重點，就是各種數位槓桿的作用力。

（2）互動溝通 （relating）

這一點，是今昔變革領導中不變的重點。領導者一方面傾注耐心傾聽，一方面不厭其煩地藉由各種機會，和組織內外的利害關係人一次次對話，就理念與方向進行雙向溝通。

（3）描繪未來 （visioning）

不同於過往攻城掠地時的清晰目標，數位轉型做為一種既有企業求生求變的過程，在快速變動的環境中，組織難有具體的轉型「終點」，但是一定需要有非常明確的方向。新世代的領導者

必須能在轉型的必要與急迫性溝通清楚後，明確地描繪出組織的方向。而這個方向，依照本書自始的提醒，可以翻譯成：**「在數位新局裡，我們要怎樣掌握數位槓桿、面向怎樣的顧客群、經營怎樣的顧客關係、怎樣讓顧客理解我們、怎樣讓以上幾件事不是空話」**這簡單的幾個「怎樣」問題。

（4）創新改變 （inventing）

前面提及的三點都落實了之後，就是透過新的結構、流程與經營邏輯，實踐轉型、創新變革的苦功夫了。亞馬遜創辦人貝佐斯近期寫給股東的信中，鮮活地勾勒出亞馬遜創新改變之道。其中與傳統商業邏輯不同之處，值得來自實體原生企業的領導者參考。

「我知道亞馬遜在一個領域中特別獨樹一幟，那就是失敗。失敗和創新變革是密不可分的雙胞胎。創新變革需要實驗，而任何你還沒開始做就已經知道它會成功的事，都不叫做實驗。多數大型機構都嚷嚷著要創新變革，但多不願意承受變革中必經必有的失敗。」

「如果碰到一個只有10％勝算，但贏了就有100倍報酬的賭

盤，你應該下注，但是你也應該知道這樣的賭盤裡10次有9次會
讓你槓龜。」

「在棒球賽事中，無論你的棒子多熱，一支全壘打了不起就
是4分。而在商業情境裡，時不時發生的狀況則是你站上打擊區，
一棒直接揮出就得了1000分。這樣不成比例的報酬，就是你該勇
敢大膽些的原因。而這樣不成比例的報酬，來自過往積累的大量
實驗失敗。」

其次，1980年代初期，麥肯錫的兩名顧問湯姆・畢德士（Tom
Peters）與羅伯特・華特曼（Robert H. Waterman）出版了一本全
球知名的商業暢銷書《追求卓越》（*In Search of Excellence*）。
雖然這本書逃不過多數商業書籍的宿命——書裡提及的「卓越企
業」後來一一倒閉，此外還有些圍繞這本書的爭議，但這兩位麥
肯錫顧問倒是整理出一個滿好用的「7S」架構，用以框架他們回
顧性質的卓越報導。這七個S，分別是：策略（strategy）、組織
結構（structure）、制度（system）、管理風格（style）、員工
（staff）、技能（skills）與共同的價值觀（shared value）。

雖然當時這架構來自歷史的歸納，而我們此處的關切卻是
不確定未來的前瞻，但因為它正好大致涵蓋了我們要討論的關鍵

節點，方便起見，我們便借用這個「7S」架構，來綜括數位新局中，一個已經具備前述領導四能力的既有企業掌舵者，引領組織轉型時所應關注的管理重點。

在這七個 S 裡，領導者帶領變革的核心，是建構組織的共同價值觀。如本書上篇中的討論，重新定義的「顧客導向」，是組織欲應用各種數位槓桿時，無可迴避而必須踐履的價值命題。準此，綜合本書迄今的各項討論，援引「7S」架構，我們可歸納出企業邁入數位經營時，應把握的一系列重點：

- 共同價值觀（shared value）：顧客導向。
- 管理風格（style）：勇於嘗試、容許失敗。
- 策略（strategy）：看長不看短的策略意圖、合縱連橫的策略彈性。
- 組織結構（structure）：跟隨策略的適應性調整。
- 制度（system）：以顧客體驗為核心的績效制度。
- 技能（skills）：迎頭趕上，逐步充實應用數位槓桿所需的能耐。
- 員工（staff）：以人力資源支持前述6個S的角度選材、育材、拔擢人材，讓年輕人出頭。

第八章

數位槓桿撐起的
新場景

零售新場景：全通路

　　美國經濟學者韋伯倫（Thorstein Veblen）百餘年前所著的《有閒階級論》（*A Theory of the Leisure Class*），很清楚地勾勒出奢侈品的消費意義在其社會性。更精確地說，奢侈品的價值，在於能向他人彰顯奢侈品所有者的「有閒」。1970 年代之前，目前我們所知道的「奢侈品品牌」（luxury brands），在全球的尺度上僅擁有非常窄小的市場，服務非常有限、通常是與舊歐洲有所淵源的顧客。隨著 1970 年代中東產油國的油元氾濫、1980 年代的各國市場自由化與全球化、1990 年代包括台灣在內的新興經濟體錢淹腳目，大眾才慢慢認識奢侈品牌。

而奢侈品的特殊之處，在於連結著一個稀缺的夢。溝通上的重點，於是就在不斷餵養、強化現有顧客與未來顧客等受眾一個脫俗不凡的夢。但每實現一筆銷售，卻勢必減損一份這夢的神秘感與神奇性。因此，奢侈品必須保持一定身段。這身段的傳統套路，便是不由品牌推銷商品給顧客，而由有閒、識貨的顧客主動去尋買，以彰顯買主的品味與地位。也因為這樣，一直以來，奢侈品牌在各地市場都以極有限的自有通路配置，配合上尊榮排他的店內氛圍，塑造稀缺與不可親近感——畢竟太容易取得、太容易接近，就不叫奢侈品了。

進入數位時代後，奢侈品牌經營的一大難題，是應如何拿捏線上經營的分寸。完全視數位環境如無物，在各奢侈品牌都面臨的業績壓力下似乎說不過去。但另一方面，若讓大眾於線上隨意接近、購買奢侈品，又怕把奢侈品牌的獨特與不可親性給稀釋掉了。因此，距今約十年前，全球各奢侈品牌基本上只願意進行線上溝通（建構溝通品牌精神、放送品牌故事的官網，經營面向品牌崇拜者而非品牌購買者的臉書粉絲頁等），而拒絕所有與交易直接相關的線下線上數位可能。

然而，巴黎銀行（Bank BNP Paribas）近期發表的一份奢侈

品全球競爭調查報告卻清楚點出，全球各奢侈品品牌，正在進行一個快速迎向各種數位可能的轉型過程。在該報告的十幾項指標中，奢侈品品牌整體而言在線上視覺化呈現，乃至線上銷售等項目上都已較為完善；惟在虛實整合與數位客製化個人服務項目上，還屬於初步摸索階段。該報告以線上經營深度（如線上品類、溝通語言數、可送貨國家數等）與顧客數位體驗（含網站瀏覽體驗、電商購物體驗、跨通路服務與資訊體驗等）為兩個主要軸線，分析三十個奢侈品牌的線上經營狀況。相對於在這兩個面向上發展都較為遲緩的 Prada 和 Chanel 等品牌，Burberry 在線上經營深度方面、Gucci 和 Louis Vuitton 在顧客數位體驗方面，都有較為顯眼的表現。在該份調查的三十大全球奢侈品品牌中，以 Burberry 整體的虛實整合投入最為徹底（在最多國家，使用最多的不同語言，較為細緻地經營線上商店與數位溝通）。而 Gucci 與 LV，則在數位顧客經驗（涵蓋跨通路）的完整提供方面排名超前。

有興趣的讀者，不妨逛逛 Burberry 的台灣官網（https：// tw.burberry.com /），瞧瞧右頁二維碼所連結的數位化實體店概念，理解數位情境裡今日的奢侈品零售樣貌。對於**非奢侈品**的品牌經營者或者通路商而言，這時候該問問自己的問題是：人家一

件T恤新台幣八、九千塊，一件風衣七、八萬塊的身價，都已經就著顧客導向的理路，線下線上整合顧客體驗，走向全通路路線了。走大眾路線的一般零售行當，這時要經營的是任何時候都滑著手機的客群。那麼，面向虛實整合的全通路經營，還有什麼理由保留？還因何而矜持呢？

換個角度，有沒有完全不理會虛實整合的全通路經營趨勢，但依然活得很好的零售者呢？當然還是有的。從東京的齊藤壽司（鮨さいとう）這類的壽司店、麻布幸村這類的料亭，到台南幾家牛肉湯鋪、鹹粥店，靠著真本事，可以讓客人望穿秋水地排隊，自然不急著觸網觸電。再如日本的「玉子屋」便當品牌，1965年創業，每天只做一種標榜便宜、健康、好吃的便當，均一價430日圓，菜色天天更替。高CP值下經營起一群忠誠客群，現在每天平均可賣出7萬份單一款式便當。功力夠，以這樣物美價廉的模式專一經營，也可以養活一支幾百人的團隊，不碰時髦的虛實整合經營。

Burberry在倫敦Covent Garden的虛實整合概念店簡介影片

　　但要注意的是，在這些例子裡，經營者經營了（**1**）**無完全替**
代品；且（**2**）**市場上真正稀缺的供給**。只要能同時滿足這兩個條
件，那麼全通路不全通路，還真是不急。然而**對於市場上占絕大**
多數的，有大量替代選擇的產品或服務而言，全通路經營可能便
不是選項，而是生存的必然之道了。

　　原生背景不同的企業，在不同經營方向、資源條件與環境狀
況之下，有各種全通路的發展路徑。以下，我們就其中常見者逐
一討論。

（1）實體原生者進駐線上平台

　　對實體原生的品牌或通路來說，短期成本花費較為有限、同
時也是與實體經營「展店」意義最為接近的線上經營模式，是**直**
接進駐已具規模的線上開店平台。這方面，例如在雅虎奇摩超級
商城裡經營已久的漢神百貨網路購物，如美國梅西百貨與亞馬遜
在中國天貓上的開店。依循這種模式，萬物皆可賣。2016 年起，
中國萬科集團便以集團身分整體入駐淘寶房產頻道，在萬科淘寶
官方直營品牌館裡進行銷售，該年春天計有全中國 58 個城市裡，
350 單位的萬科樓盤產品正式上線。如果是「試水」性質的市場

探索，這樣的模式當然相對風險較低。但是一旦線上經營規模擴大，平台進駐者便須面對「數據是誰的」這類糾結。許多電商平台，占著開店者的線上顧客行為與人口統計變數數據不放，成為開店者欲以數據為支點創造新價值時所面臨的難題。

（2）線下整合線上

實體原生的企業一旦有了一定的線上經營經驗，必然理解到線上線下的經營其實是分屬兩個迥異世界的現實。這時候，決策者有兩條截然不同的路可以選擇。其一，是決然將線上線下的事業割離，「兄弟登山，各自努力」，陸空兩端獨立開來，各謀戰果的極大化。例如燦坤在台灣，2015 年年底便做出了這樣的決定，將其快三電商與實體店面經營徹底切開。其二，則是決策者相信沒有陸空協同作戰就沒有未來，因此忍受轉型與整合的劇痛，力求虛實體驗的融合。走這條路，就必經歷線上線下同價所帶來的財務損失，打通虛實兩端的會員體系，並在營運後台執行一系列的整合。例如美國的梅西百貨、中國的蘇寧，都選擇這條路。對於要進行虛實整合的實體原生零售業者來說，長期而言此一企圖成功與否的關鍵，在於是否能適切運用數位槓桿，藉由完

善的顧客體驗以經營客群，藉由數據帶動價值創造。近年來日本丸善與淳久堂書店往全通路零售的方向邁進，除讓顧客在線上書店刷信用卡買書免運費外，線上並可查詢確認預購書籍在各門市有無庫存，若某門市有庫存且消費者打算不久後到該門市，只要按備貨鍵即可讓門市店員將該書存放在結帳櫃檯，供消費者於一定期間內前往結帳取貨。這些都是以顧客為中心，統整線上線下體驗的措施。再如先前提過的美國星巴克，透過My Starbucks Idea匯集共創型態的文字性質非結構性數據，透過Order and Pay行動點餐支付應用匯集消費者地理、消費、偏好等數據，再據以推出新產品、提供新服務、優化既有的作業。

由線下整合線上者，艱鉅過程中的一個關鍵要項，是**讓實體經營的人力成為虛實整合的助力而非包袱**。全家便利商店曾有系統地讓各門市店員於大型活動期間推廣其行動應用的下載，一個月裡透過這途徑，就增加了30萬次的下載安裝。且事後分析發現，這些透過店員鼓勵安裝行動應用的顧客，後續的消費貢獻金額，是自行在線上下載應用顧客的兩倍。

（從Google的角度看）梅西百貨的虛實整合

（3）線上進入線下

　　或者為求體驗的提升，或者為求平台的規模經濟效果，不同垂直領域裡的數位原生業者，近年來也紛紛嘗試經營線下商店。亞馬遜近期在西雅圖開設第一家貨架上陳列約 6000 種書的實體商店，一方面以線上經營的大量數據去決定上架書目與陳列方式，另一方面藉由實體書店裡的讀者行為近身觀察去優化線上圖書販售的經營。再如 2007 年上線的 Bonobos，身為一家設計與銷售全系列男性服飾的電商，2012 年起在全美各大城市開設名為 Guideshops、以預約為主的體驗店。店內商品尺碼齊全供顧客試穿，但每個備貨量僅有一件。顧客試了喜歡，無法當場付現取貨，仍須上網下單，等待隔日的送貨。這些布局，彰顯的是數位原生者透過滲透到實體端，提升顧客體驗的努力。至於數位原生者為了進貨與客群經營上的規模經濟而由虛入實，在台灣就有一系列的例子。如針對年輕女性客群的東京著衣、OB嚴選、小三美日、Amai、Ann's等品牌，都是這方面的例子。

Bonobos Guideshop介紹短片

（4）全環節的自主虛實整合零售

對於自身所提供的產品有信心，也以顧客體驗為主，且善用數位溝通槓桿向目標客群溝通的企業而言，虛實整合零售的又一可能，是將價值鏈上下游都進行較大程度整合，而在較為狹窄的垂直領域內進行全環節自營的虛實整合零售。

先前討論過的眼鏡電商品牌 Warby Parker，其創辦者發現許多價昂的奢侈品牌（如 Burberry、Bvlgari、Chanel、Prada、Ray-Ban等）眼鏡產品，都由總部位於米蘭的眼鏡製造商 Luxottica 製造，而工廠則設在中國。於是 Warby Parker 便自行設計時尚眼鏡，直接到中國找到 Luxottica 的代工廠，使用與前述名牌相同的材質製作眼鏡，再透過流暢的線上下單線下試戴機制，讓顧客在體驗良好的情況下相對廉價地購得時尚眼鏡。

再如電動車品牌特斯拉（Tesla），其自行設計、自行生產的電動車，目前除展示中心外，包含台灣在內全球逾 20 個國家的顧客尚且可以直接透過以當地語言設計呈現的官網，線上直接選擇車型、車漆、輪殼、內裝、電池容量、預期交車時間等細節以及一系列選用配備後，在線上下單、支付訂金。特斯拉還非常貼心地設計各種分期付款機制供線上選擇，減輕購車負擔。下單後，

買主有一週時間修改原選擇的各項設定，且可取消訂單取回訂
金。其後，該筆訂單便進入加州工廠裡的生產排程中，並有專人
在交車前提供金融諮詢與安裝家用充電樁等服務。

　　更為日常的自營全環節虛實整合零售場景，則可見諸中國的
三全鮮食。它有位於天津郊區公速公路邊，占地逾200畝，日產能
18萬份，運輸半徑200公里的便當工廠。針對午餐市場，近期以手
機app配合商業大樓茶水間內兩個微波爐大小、名為「funbox」的
硬體，發展自動中央工廠製作便當的「互聯網便當」新商業模式。
此一線上下單、線下取貨、全程控管自營的虛實整合飲食服務模
式，代表三全鮮食實踐其「食品業富士康」自我定位的嘗試。

（5）即時應需的碎片化個人化服務

　　透過平台經營，媒合與連結特定垂直領域裡每一個當下的需
求與供給，此處稱為即時應需（on-demand）的碎片化個人化服

特斯拉台灣市場官網

務。說這類服務「碎片化」，主要是因為媒合與連結的供需雙方之供需時間與地點常是不固定，且供需雙方在平台每一回合的媒合與連結中，並不期待與特定的他方進行交易。

這樣的平台，一方面其上的遊戲規則非常重要，另一方面也因著重滿足地方需求而需因地制宜。以最常被拿來討論的 Uber 為例，Uber 以時間與地點客製的動態定價系統，司機端 app 看得到加價熱區，並設立關於週平均乘客評分、受系統指派後的接單率、尖峰時段的上限時數等獎勵門檻，藉以調節供需失衡狀況、維繫服務品質。此外，之前曾討論過的類 Uber 服務，如 BlaBlaCar 與GoGoVan 等，也都是因地制宜設定服務細節，以滿足在地需求的此類服務。

即時應需的碎片化個人化服務，事實上涵蓋食衣住行育樂各方面的供需滿足。以「衣」為例，如中國 e 袋洗服務，該服務做為雙邊平台，一方面開放洗衣店加入成為洗衣服務的外包供應商、閒置人力做為「最後百米」的取送人員；另一方面則針對「想在固定時間內取得清洗乾淨衣服」的顧客，訴求「便宜、好玩、方便」。

BlaBlaCar 介紹短片

從別人的失敗裡學教訓

以上這些虛實整合的可能性，也都是業界所謂的廣義O2O經營。托爾斯泰《安娜·卡列尼娜》有名的開場白說：「幸福的家庭都是相似的，不幸的家庭則各有各的不幸。」同樣地，我們看到虛實整合全通路／O2O經營上軌道的新舊事業，大致上都有顧客體驗良好、客群擴大、善用各種數位槓桿的共通性。但是市場上迄今我們也看到了各類型全通路／O2O經營企圖的失敗，失敗的原因檢討起來五花八門，且通常是因為各種敗因同時引起併發症而導致結束。以下我們簡單解剖三個失敗的樣本。

樣本一：SpoonRocket。

以10分鐘內送達10美元以內的物美價廉餐食為訴求，首先針對美國灣區大學生，而後拓展至灣區年輕上班族市場開業。2013年取得Y Combinator的種子基金後，由中央廚房內一群廚師每天製作數種主食，透過自營車隊送餐。開業三年內曾募得1350萬美元資金，但於2016年3月宣告結束營業。分析起來，其失敗原因包括：過度倚賴風險資本吸取新客戶（錢燒完就沒戲）、吸引新客後的留客能力有限（其服務對多數顧客而言並非剛性需求滿足模式）、市

場競爭過劇（灣區有許多相似服務）。

樣本二：Homejoy。

曾經是一個由美國拓展至歐洲大城市，常被報導的O2O到家清潔服務平台。但它於2015年終因資金不濟而結束營業。分析起來，其失敗原因至少包括以下各項：

（1）成本面：整個服務標榜提供清潔器具與耗材給服務人員，但未能嚴謹控管相關成本。

（2）人員面：清潔人員契約工或是雇員的身分爭議、通勤時間、薪資水平（每小時15美元入袋）、服務水準難以齊一化。

（3）顧客面：因供需難以協調以及人員面因素所造成的低用戶留存。

（4）策略面：國際擴張分散資源。

樣本三：博湃養車平台。

在中國於2014年以「易捷卡」之名正式營運，訴求透過互聯網，進行專業技師上門車輛安檢保養O2O養車服務。2014年取得創新工廠A輪融資，2015年取得1800萬美元的B輪融資，開啓百城

萬人計畫，迅速將服務帶入中國22個城市，發展出1400人的專業服務團隊。有鑑於鈑噴業務的高毛利，2015年夏天並增加取車至車間鈑噴服務。2016年4月宣告終止服務，線下服務團隊由龐大集團收編。失敗原因：為求快速擴張，提供不敷成本的服務，營運上成本管控鬆懈，且因技術人員品質參差使回流率有限，在遲遲等不到C輪融資的情況下，終致資金斷鍊。

樣本四：順豐快遞的「嘿客」。

中國快遞行業翹楚的順豐快遞，憑藉貨機搭起的「空網」、貨車組成的「地網」、倉儲體系交織成的「倉網」，之前在中國O2O浪潮正盛之際以「嘿客」為名，企圖經營起做為集團第四隻腳的「店網」。順豐在城市裡大量開設社區「嘿客」門市，店內以圖片二維碼為主，沒有現貨。由於之前曾有經營便利店的失敗經驗，因此嘿客主營非便利性質的個性化商品。展店的企圖，是透過店內二維碼掃描網購、訂票繳費與快遞包裹自寄自取等服務，成為納下單、提取、售後服務等流程的服務商，藉以搶占「社區入口」。這樣一個充滿企圖心的創發，卻面臨商店定位、顧客體驗、開店地段、零售管理能量、品牌檔次、IT系統等一系列問題，而無以為繼。

　　除了無論是新舊經濟，企業管理上必然面對的組織面、成本面控管問題外，從以上幾個樣本以及其他的事例中，我們可以看到全通路經營的企圖裡，成敗由一系列因素決定：

　　一、虛實間的接口是否提供無縫穿梭的體驗。

　　虛實間的接口，可能是手機上的行動應用，可能是 QR code，可能是 beacon 或免費 wi-fi 這樣的即地（LBS）通訊建置。可預見的未來，還包括 VR 與 AR 的種種新可能。不管是怎樣的布局，顧客端能有流暢的虛實間穿梭體驗，都是持續經營的必要條件。如以行動應用為接點，若該 app 在卜載平台所得到的評價平均只有兩三顆星，體驗既差，虛實整合就只是口號式的空中樓閣了。再以前述「嘿客」為例，雖然設店概念由所謂「互聯網思維」所啟發，但其模式中所提供的圖片加二維碼購物資訊，多是一般人在家即可更輕鬆自在所取得者；實體端布局這時候未能顯著增益虛擬世界所缺的體驗，反而顯得有些畫蛇添足了。

　　二、經營項目是否屬於剛性需求滿足模式。

　　剛性需求滿足模式，從交易成本的角度理解，就是無法從市場上找到更低交易成本的交易，以滿足特定需求的項目。如到府按

摩，這樣的應需個人化服務，透過雙邊互評等機制設定降低信任成本，對某些消費者而言，整體交易成本比到店接受按摩服務來得低。又如生鮮蔬果電商，對某些消費者而言，整體交易成本也比到店選購來得低。對於這樣的消費者，到府按摩或者生鮮電商，就屬剛性的需求滿足模式。但同時市場上另外也會有消費者，對於陌生的按摩服務提供者登門入室一事不自在，或者對於生鮮蔬果要求購買前眼見手觸為憑，那麼到府按摩或者生鮮電商對於他們，自然就不屬於剛性的需求滿足模式。

三、剛性需求的規模、頻率與金額是否足夠。

如前所述，需求滿足的模式剛性與否，異質性的市場中因人而異。認同某種虛實整合經營項目為剛性需求的消費者數量、該類需求滿足的頻率，以及每次的平均金額，三者的乘積就是可預期的營收規模。這三個變數中只要有一項出了問題，整個經營模式長期間便可能有問題。

四、是否能於線上有效地協調供需。

星巴克的Order and Pay，Uber的供需媒合，都透過線上介面以及機制設計（如前者的等候時間預估資訊及取餐店點選擇、後者

的尖峰加價），以不同方式緩解供需端時或發生的不協調。但某些經營模式，如前面提及的博湃養車，先天就面對年節之前汽車保養需求大增，但服務人員供給短缺的窘境，而這種窘境，又無法透過線上機制加以協調，因此成為經營上的另一困難。

五、是否長期有「需仲介」，而非「去仲介」的需求。

某些高頻率的剛性需求滿足模式，如叫車、送餐等，每一次服務都存在一定程度的「需仲介」特性——需求端不會特別在乎由哪個個別服務人員來完成服務。但某些需求的滿足，如鐘點托兒、鐘點管家等，通常由信任要求較強，相對地有強烈的「去仲介」傾向——即透過仲介認識的供需雙方，有強烈動機繞過後續的仲介而維持交易關係。如果經營的服務指向這類有「去仲介」傾向的需求，則該服務模式的長久經營將較為費力。前面討論的HomeJoy，失敗的一個詮釋角度即其需求端接受服務地點固定，需求滿足的前提是高度信任，而單次滿足後又會產生重複性的後續需求，因此有「去仲介」的需求傾向。

六、成本結構是否能造就規模經濟的槓桿效果。

談虛實整合經營的成本結構，一個關鍵問題是：這項虛實整合

會有多「重」？在光譜的兩端，所謂「輕」者，如 Uber，基本上是個資訊媒合與供需調節的服務，線下人力非常精簡，也無需實體場景裡的設施。其他條件一樣的情況下，這類輕資產的成本結構中固定成本占比很高，因此只要客群能不斷擴大，潛在的規模經濟槓桿效果可期。相對地，所謂「重」者，如前討論的上門汽車保養服務。在這樣的服務裡，每一筆接單都要動員一部車兩名師傅出勤，加上相應的器材耗品存貨配置，業務要成長擴大，變動成本便需要很大程度地跟著成長擴大，可預期的規模經濟槓桿效果便相對有限。

金融新場景：數位金融

　　金融，顧名思義，指涉資金的融通。今日企業組織與個人組織等主體募集、配置與運用資金所生之資本流動，都是金融的範疇。傳統上，無論是通過出售股票、債券向投資者募資的「直接金融」，或是通過金融機構的仲介與整合，自存款端取得融資的「間接融資」，在各個市場中都需要透過銀行、證券公司、保險公司等官方特許組織的金融中介，才能進行交易。在金融市場資訊稀缺的時代，傳統金融機構透過特許，掌握資金供需兩方的資訊中介，藉以牟利。

　　數位時代裡的各種新興金融科技，在Bank3.0的背景下，造就了一系列互聯網金融平台，全面地降低了金融交易的成本。因為交易成本劇降，互聯網金融解構傳統金融仲介憑藉政商資源、以較大摩擦力、較粗糙的顆粒、較高的利差、較冗贅的組織進行仲介的模式。聯網的特性，也讓傳統金融仲介機構過去經營模式裡沒法辦到的服務（如借出1萬元給1萬個人，每人1元），能夠有效率地完成。從已經成型的各類數位金融服務，我們見到數位金融的特色，不脫前述數位槓桿的運用邏輯：

（1）透過數據與創意，進行廣義金融範圍內的價值創新，完
　　善顧客體驗；

（2）透過數位化下的成本結構，取得規模經濟槓桿；

（3）在規模經濟之上發展相關服務，深化客群的經營，並尋
　　求範疇經濟。

　　就從商業銀行說起。傳統銀行的營利邏輯為吸收存款、放
出貸款、賺取利差、經營顧客、交叉銷售。但是數位金融的可能
性，讓新興的營利邏輯成為可能。在這方面，同樣是經營銀行，
互聯網銀行的邏輯則是：實現經濟規模的資金供需匹配，賺取手
續費，經營顧客，謀求範疇經濟。只要法規允許，這些新興的金
融營運邏輯便根據較低交易成本、較佳顧客體驗、較強數據能力
等優勢，直接衝擊原有的金融業者。以日本自己銀行（じぶん銀
行）為例，該銀行由三菱東京UFJ銀行與通訊營運商KDDI各占股
50％合資開設，2008年開始營業，以手機為基礎，進行遠距開戶
與各項服務。這家2015年年底資本額350億日圓、總資產逾7000
億日圓的銀行，當時員工總數不到200人。

　　再以阿里巴巴集團旗下螞蟻金服所成立的浙江網商銀行為
例。網商銀行標榜其「310、7×24」的服務效率：3分鐘申請、

1分鐘審核、實時撥款到帳。根據網商銀行的說法，採用傳統IT系統的銀行在帳戶維護上，每年維護個別帳戶的成本高達人民幣30100元，單筆支付成本也約6～7分錢。而在如網商銀行這樣的雲架構銀行系統上，每年維護個別帳戶的成本僅約人民幣0.5元，單筆支付成本則僅約2分錢。

整體而言，數位環境中的金融（或中國所謂的互聯網金融），迄今發展出的生態特性是： **以支付為接口，透過數據以及數據轉化成的信用評價做為資源，經營借貸、理財、眾籌、保險、信託等服務。** 底下，我們就國外市場上的實況，逐一爬梳金融科技所帶來的各種去現金化的支付匯兌方式、去中介化的多元存款與借貸管道、依託數據所開啟的多元理財可能、互聯保險領域，以及這些金融場景背後至為關鍵的新形態信用評等模式。

（1）支付與匯兌

支付，可說是由商業場景接入金融，再由金融滲透至其他場景的重要廊道。 支付同時也是蒐集顧客行為數據的關鍵接口。

當然，隨著支付發展歷程的路徑依存，數位支付工具所扮演的角色，在各市場中不大一樣。在美國，相對成功的星巴克Order

and Pay 於全國市場全面開展後，才幾個月時間，每月便有逾百萬用戶，用它在星巴克付款逾800萬次。在這快速發展的背後，是星巴克不斷優化該支付服務的企圖。近來，除了點餐與支付，此一行動應用還加上直接與忠誠會員計畫連結、更加個人化介面設計等新功能，並透過它某些城市實驗，進行星巴克產品的外送服務。

在中國，最有代表性的數位支付工具，莫過於2015年底中國註冊用戶達6億左右的支付寶。**今天的支付寶，明確地透過既有的規模經濟，經營範疇經濟。**除了眾所周知的餘額寶一類相關服務外，支付寶9.0版本又增加了朋友間借款的功能。用戶有急需時，向朋友發送設定了金額、利率、期限與借款理由的借款要求，48小時內被請求人可以同意直接由自己的支付寶扣除借款，貸出該款項。期滿，則由借方的支付寶支付本息。借款請求若超過48小時未獲回應，便自動取消。此外，支付保近年也涉入耐久財履約保障業務。2015年，中國中化集團下的方興地產聯合支付寶平台上的餘額寶，推出購屋保障方案，在預售屋線上簽約後，讓頭期款凍結在買家餘額寶中，直至契約期滿或交屋。在此期間，凍結金額的收益仍歸買家所有。

這些數位支付工具與相關服務，都是經營顧客體驗既久，取得規模經濟後邁向範疇經濟的數位金融發展。

　　再來談匯兌。傳統上，換匯乃至匯款交易，對需求者而言是交易成本很高、「摩擦力」非常大的事。也就是說，傳統銀行透過匯差，取得豐碩的獲利。假設今天有一筆新台幣 10 萬元的資金，透過台銀換成美元現鈔，然後隨即再換回新台幣；因為買匯與賣匯間的匯差，就算完全不必支付任何手續費，一來一往間也只換得回 98000 多元。也因此，移民工傳統上會在工作地找到交易成本較低的地下匯兌管道將所得匯回家鄉，不大會上銀行。

　　在數據流通成本趨近於零的數位環境中，面對這樣的狀況，自然就出現新創的數位匯兌平台。這樣的平台，如 midpoint.com、transferwise.com 等，以外匯金融市場中決定的匯率為準，透過遠較銀行與地下金融業者低廉的固定手續費，提供跨國匯款服務。如果要從 A 國匯款至 B 國，該平台收到該項交易的 A 國貨幣後，就依市場匯率換算成 B 國貨幣，由 B 國的平台辦公室將該筆款項匯至收款人的戶頭。

支付寶錢包的應用與影響報導短片

數位匯兌平台 midpoint.com 簡介短片

（2）借貸

線上借貸，涵蓋數位原生的P2P借貸平台、電商借貸平台、供應鏈金融平台等，面向各種場景，有眾多的服務對象設定可能性。

P2P網路貸款，在其所源起的美國，受到證券交易委員會（SEC）的嚴格控管。高額的註冊費用與保證金造成了高進入門檻；P2P平台每日尚且須提交報告給SEC這類平台，又可分為綜合型與垂直型兩類。前者，如已上市的 Lending Club。後者，如C2FO，是一個以商業交易上應收應付帳款為基礎的資金媒合平台。平台讓買家揭露因提早付款而希望取得的折扣率，賣家給出因提早收款而願意付出的折扣。2015年C2FO經手40億筆左右的訂單。又如2015年年底完成由軟體銀行為首，進行10億美元E系列投資的SoFi，也是個美國的垂直型借貸平台。這個平台發跡於學生貸款相關代償業務。因為這樣的淵源，SoFi專注於早期菁英客群，並將貸款透過資產證券化模式打包出售，而後逐漸拓及子女就學貸款、房地產抵押借款、房貸二胎與一般個人貸款。這個貸款平台以優良的用戶體驗、即時的客戶服務、完善的職涯諮詢和各種社群活動著名。SoFi因其淵源於學生貸款清償的歷史發展

背景，強調以教育背景、職涯經驗、財務歷史、所得水準等數據決定信用貸款貸放條件。

垂直型態的P2P借貸，在中國甚且促發一系列新的借貸行為。例如「雲聯樂牧」，企圖連結移動互聯金融平台與畜牧。該平台與中國各地牧場合作，打造「虛實整合」的手機上牧場。用戶投資人民幣1000到1300元即可購一隻羊，在手機上掌握羊隻養殖狀況。一旦養殖週期120天結束，用戶可選擇以現金（目前年化報酬率約15％）或羊肉兩種形式，取得養羊的收益。

一旦電子商務雙邊平台的兩邊都經營起一定規模，也累積沉澱了龐大的交易數據，從借貸的角度去跨入金融服務以經營範疇經濟，便是相當自然的事。以阿里小貸為例，在2011～2015年間，便曾提供超過4000億元資金給160萬家在阿里平台上的小微商戶（平台上有近千萬家這樣的商戶），其中95％的貸放金額低於人民幣10萬元，總壞帳率不到1.5％。此外，中國最大的自營型態電商京東，則具體針對不同客群，經營借貸型態的線上金融

SoFi官方介紹短片

服務。京東金融的產品方面，有類似餘額寶的京東小金庫、提供大學生購物分期付款的校園白條、提供顧客先旅遊後付款的旅遊白條、針對包括房屋購置、裝修與租賃等需求而設立的白居易貸款、信用良好客戶可申請的白條聯名卡、支付各類體制內外學習學費分期貸款的教育白條、面向農戶的京農貸、產品眾籌、私募股權、票據理財、基金理財、保險理財。針對企業用戶，則有信用賒購帳其管理等業務的京東金采、提供企業閒置資金投資的對公理財等服務。京東金融的發展，初期透過產品驅動成長，近期則耕耘風險控管能力，在廣度之外也求深化金融專業能耐以進一步發展。

其實早自前數位年代，如奇異電子這樣的大廠就已多所經營供應鏈金融。進入數位時代之後，因為上下游資訊更加流暢透明，所以一如前述電商金融平台的邏輯，讓大型廠商更方便地可以涉足供應鏈金融。例如中國海爾，2015 年成立「海融易」金融平台，把上游供應商的應收帳款打包為金融商品轉售，也替下游經銷商包裹應付帳款。

（3）理財

相較傳統以金融機構理財專員為主要媒介的理財服務，數位金融在理財方面的進步性，還展現在：

（1）理財數據的全面化、即時化；
（2）理財標的選擇的中立化、科學化；
（3）理財相關行為的眾籌化。

傳統理財情境裡，金融機構理財專員的服務能力與能量有限，知識水平並不齊一，且因扮演金融產品通路角色考慮抽佣問題，所做出的理財建議未必符合委託人客觀上的利益。在「互聯網＋理財」的場景中，當今大部分理財需求，都可於客戶的需求與風險條件揭露後，在數位平台上透過數據，客觀地進行自動匹配，找出最符合客戶個別需求的客製方案。例如美國市場裡的智慧投資理財顧問 Betterment，以管理資產總值的 0.15%～0.35% 為費用，針對顧客的預期投資時間長短，以被動投資概念的指數型基金當做主要標的，自動進行資產風險配置管理。

　　此外，在數位理財裡，眾籌（crowd-sourcing）一事，無論就理財數據或理財標的而言，都提供了新機會。以理財數據而言，Estimize 透過眾籌方式，讓數萬名職業與業餘分析師對於上市公司的營收表現進行預測，並透過應用程式介面（API），將各種預測結果實時傳送給專業投資機構以營利。以理財標的而言，如英國的 Property Partner，經營倫敦與英格蘭東南部的房產眾籌業務，平台收取 2％手續費，最低 50 英鎊即可任選平台上的標的物與其他持份者一同投資。若投資標的物出租，則租金扣除管理費與稅支後，依投資比例按時分配。若要撤資，則可在平台上將持份轉售。投資人在這樣的平台上，因此可以自行組建一個過去只有非常富有的投資者，才可能自行建構的房地產投資組合。

　　此外，數位金融的浪潮中也出現了新型態的股票投資。這方面，可以美國折扣證券經紀商 Motif 為例。在 Motif，每一個不超過 30 個標的的投資組合稱為一個 motif。Motif 提供給用戶由專家根據各種概念選股所設立的 motif，供用戶直接購買或修改後購買

Betterment 的廣告短片

投資。同時，它也讓用戶可以自行創設 motif，進行投資。用戶彼此之間還可以互相參考、點評他人的 motif。這整個服務的特殊之處，因此在於提供以投資組合為單位的主題投資，以及伴隨投資組合點評互動機制而發展出的線上社交。

（4）保險

數據、平台與物聯網，這「互聯網＋」的三要角，讓「互聯網＋保險」迸發出許多新機會。這些新機會，常源自數據、平台與物聯網聯合起來，所經營出的場景化、客製化新機會。在這些新機會中，因為去中介化而成本降低，因為對焦與溝通容易而多元靈活。前面提過的 Beam Dental 牙科保險平台，便是很具體的例子。它連結牙科保險與三個月遞送一次的電動刷頭、牙膏與牙線，透過物聯網蒐集用戶數據，優化牙科保費。

而一些數位時代新生的場景，也衍生出新生的保險需求。例如 Uber 平台上的車主方，用車時有時關閉 Uber app 純粹私用，有時開啟 app 但尚未載客，有時則透過 app 攬客乘車實際營運。傳統車險保單自始區分自用／營業區分的做法，讓 Uber 車主的車險怎麼保，成了一大難題。在這方面，Metromile 是美國一家以里程數

計算保險費率的新形態車險公司。2015年1月，Uber與Metromile開啓合作，讓平台上的車主在自用時段按行駛里程支付保費，營業時段則由Uber向Metromile支付營業車險費用。

在中國，論及互聯網保險，很自然地便會提及眾安保險。眾安保險由螞蟻金服、騰訊、中國平安等企業於2013年投資成立，是中國首家互聯網保險公司，同時它也自我標榜是一家金融科技公司。這家保險公司迄今推出過各種針對特定客群與場景而設計的保單，供中國民眾線上投保。以下列出幾例眾安保險較爲創新的嘗試：

- 高溫險：一個夏季中，若被保險人所在城市溫度超過37度的天數超過約定免賠天數（免賠天數各地不同，如重慶28天，杭州25天，貴陽、昆明等地爲0），即進行理賠。
- 知因保：保費399元，保額10萬～30萬元，針對乳腺癌，以基因檢測爲支撐，以健康體檢爲手段，以經濟補償爲保障。根據基因檢測結果，判斷不同投保人患病風險後，提供包括免費體檢等客製化後續服務。
- 糖小貝計畫：透過一個聯網血糖機，讓參與的糖尿病患時

時監測自己的血糖值。若血糖值得到適當控制，則該計畫給予保額提升的獎勵。若出現糖尿病併發症需手術支出時，理賠的保額最多可增加人民幣2萬元。

· 步步保：聯合小米運動與樂動力app，憑藉用戶眞實運動量定價，運動步數尚且可抵扣保費。

· 維小寶：對於他人侵害造成人身傷害、財產受損或投保人家庭成員（本人、配偶、子女）過失導致他人受損所生的法律費用，進行補償。

（5）信用

所有的金融行爲，最後的指向是行爲者的信用。就金融業者而言，信用直接指向風險水準，而掌握風險則是長期而言能獲利的關鍵要素。在這樣的意義下，無論是消費金融還是法人金融，結合數據、平台與物聯網，數位時代裡金融行爲者的信用水準，

衆安維小寶官方網頁說明

都可比傳統以制式評核表判定的方式，更為精準地被評估。這方面，尤其在由信用體系不健全的傳統情境，跳蛙至互聯網金融的中國市場中，能看到最明顯的轉變。

以阿里巴巴集團透過淘寶、天貓等平台上的交易數據，所累積，建構起的芝麻信用為例，它的數據來自政府單位、金融機構、社交平台、搜尋引擎、公共繳費、旗下平台等來源，就用戶的信用歷史、行為偏好、履約能力、身分特質、人際網路等面向進行分析。在芝麻信用被評為高信用者，可較方便地取得國外簽證、獲得較佳婚配機會（與「世紀佳緣」線上婚配服務合作）、享受便捷租車服務等等。甚至連中國的最高人民法院，也已開始提供信用嚴重瑕疵者名單給芝麻信用，使其無法在平台上消費，也無法透過螞蟻金服服務融資。①

此外，又如中國萬達、百度與騰訊合資創立的飛凡平台，針對旗下商城與加盟商城兩類場所的線下進駐商，進行名為「雲POS」的收款系統改造，支持各種中國普及的支付方式。這個系統改造背後的策略企圖是：只要運行該系統超過一年的店家，飛凡平台就能根據歷史數據，估計其現金流能力，進行信用貸款。

---

①：也有論者認為，類似芝麻信用這類全盤掌握用戶線上行為的數位化個人信用評等機制，因為連結了非金融方面的社群媒體、搜尋引擎等使用行為，已經超越傳統信評的金融意義，而可能如喬治歐威爾在《1984》小說裡描述的「老大哥」般，對用戶進行全面性的行為監控與導引。

從保險出發的需求整合經營

在中國，互聯網界近年來有「三馬」或「3M」的說法，指稱三個介入互聯網以及互聯網金融甚深的馬姓企業領導人：阿里集團的馬雲、騰訊集團的馬化騰，以及平安集團的馬明哲。這三馬中，台灣讀者對於代表互聯網原生企業的前二馬較為熟悉，但馬明哲則是中國傳統實體原生金融機構全面迎接金融科技的代表。

馬明哲所帶領的中國平安集團，總市值已達全球上市金融企業第12位，全球上市保險公司第2位。

他在2016年的元旦致詞中，提及該集團以「國際領先的個人金融生活服務提供者」為目標，聚焦於「大金融資產」和「大醫療健康」兩大產業。根據演講時的詮釋，平安集團的發展，最早的18年間「以傳統金融業務為主，從保險公司發展成為綜合金融集團，積累了大量的線下資源和管理經驗」，後10年則是「科技引領綜合金融」的「平安2.0」階段。而後自2016年起，該集團便開始「探索平安的3.0時代」。

馬明哲在那次致詞裡，這樣詮釋他所謂的「平安3.0」時代：「不再局限于平安內部的綜合金融，而是將『互聯網＋金融』的發展模式向全行業開放，攜手金融同業夥伴，共同利用新科技，打造

更加強大的、開放式互聯網金融服務平台」。在這樣的方向下，平安集團所謂的「大金融資產」和「大醫療健康」就分別依托於「金融一賬通」與「醫保一賬通」兩個平台。

　　根據馬明哲的詮釋：「『金融一賬通』將在過去個人用戶使用的『平安一賬通』的基礎上，進一步充分發揮平安在大資料、互聯網方面的經驗和優勢，分別為銀行、保險、證券、信託、基金等行業打造全新的『一賬通』平台，為企業用戶們提供獲客、徵信、產品、科技等一籃子服務」。至於「醫保一賬通」，則是平安「面向全國各地的醫保系統」，利用其「在醫院管理、醫生管理、藥品管理和健康檔案管理方面的技術與優勢，建立行業領先的智慧醫保管理和服務系統，通過與當地醫保系統對接，助力醫保使用者體驗和服務效率的提升。」

傳播新場景：新媒體

　　傳統大眾媒體，電子格式經營者有固定的頻道與節目表，紙本格式經營者有固定的發行時間與欄頁配置。媒體若欲營利，則主要採廣告及受眾付費這兩種模式。傳統媒體市場，在不同業者經營不同內容格式與不同受眾群的情況下，雖難免有競爭，但大致存在著「橋歸橋、路歸路」的一定秩序。

　　進到數位時代之後，傳統媒體面對程度不下於前述傳統零售、金融各業所面臨的轉型挑戰。**傳統零售、金融等產業所面對的壓力，來自其既有模式的交易成本結構在數位新局裡已缺乏競爭力。**相對地，**傳統媒體當今所承受的壓力，則主要來自市場上的內容爆炸**。數位環境解放了訊息內容的生產與傳播，使得原有供給相對規律、內容相對稀缺的市場，見證了一場融合「專業產生內容」（professionally generated content，PGC）與「用戶產生內容」（user generated content，UGC）於一局的內容爆炸。從經濟學的角度而言，數位環境裡的媒體市場現狀，呈現內容生產與內容交易成本遽降後，市場上供給激增而需求水準變動有限的局面。多數的傳統商業媒體，在這樣的數位新局中，面臨著與其零

售、金融同儕殊途同歸的尷尬：營收基礎被侵蝕、過往成功的經營模式未來難以持續、遊戲規則被改寫、正不大有頭緒地摸索求生之方。

相對而言，數位環境中，無論是由傳統媒體轉型的新媒體，還是新入局者耕耘的新媒體，都可讓使用者在各種電子載具上透過網路，按需接觸消費各式內容。也因此，經營的彈性要比傳統媒體大許多。表8-1分別就用戶與內容這兩方面，勾勒新媒體迄今已展現的多元可能性。

新媒體沒有確定的疆界，但範疇卻不斷擴散成長。以新媒體中聚焦於電視載體的「先進電視」（Advanced TV）為例，這詞彙指涉有隨選、互動、即時、跨螢幕等特質的新形態電視服務，但並無法明確界定何者屬於、何者不屬於「先進電視」的範疇。

雖然疆界難定，但從經營的角度分析新媒體，則有若干共通點，底下一一討論。

（1）內容產生的多元化

傳統的媒體內容，由媒體在專業環境中生成。新媒體時代，從部落格、播客（podcast）、短影片到直播，「自媒體」出現的

表 8-1：新媒體的多元可能

	用戶	內容
WHO	用戶是誰： 行為區隔、態度區隔、人口統計區隔	內容由誰提供： 內容主自媒體、數位平台、傳統媒體
WHOSE	用戶是誰的： 內容主的、新平台的、傳統媒體的、引介者的	內容歸屬權是誰的： 內容主的、新平台的、傳統媒體的
WHAT	用戶要什麼： 新聞、娛樂、知識、解悶、認同、優惠、購物、社交、	以什麼樣的形式提供內容： 文字、圖片、影音檔、隨選串流、虛擬／擴增實境、直播
WHEN	何時與用戶接觸： 定時、特殊場景、隨時隨地	何時更新內容： 定時、隨時
WHERE	透過哪些接口與用戶接觸： 實體端、電腦端、行動端、其他新型態載具	內容從哪來： 自製、外購、群眾共創、聚合
HOW	用戶如何篩選內容： 主動搜尋、訂閱、通路篩選	如何經營內容： 免費、收費、廣告、贊助

結果，則增加了垂直領域裡達人們自製自播的專業產生內容，以及素人們同樣自製自播的用戶產生內容等多元可能。在這樣的情況下，同樣是影音內容，便形成傳統媒體、影音網站、直播平台上各種來源、數量爆炸的內容競逐眼球與用戶注意力的局面。傳統媒體的主導視聽地位，已大不如前。

內容產生的多元化發展競爭，直接反映在傳播內容的「去（舊）媒體中介化」與「（新媒體）重新中介化」上。在「人」的方面，這些潮流讓原有的媒體從業人員「脫媒」，轉而經營自媒體或加入新媒體；同時也讓各垂直領域裡的素人有可能成為「網紅」。這方面因此讓媒體相關的人與事，都產生變化。在人方面，出身自中國央視，以「自帶資訊，不裝系統，隨時插拔，自由協作」自詡，而成功經營自媒體脫口秀節目《羅輯思維》的羅振宇，是一個鮮明的例子。在事方面，則誘發了諸多水平或垂直新內容平台的誕生。這方面，如華文新聞領域新近的「報導者」「端傳媒」，如娛樂領域裡遊戲橘子與電視製作人詹仁雄合作的「酷瞧」影音平台、入股的LIVEhouse.in直播平台。

（2）傳統媒體受眾的「用戶化」轉型

在大眾傳播媒體的黃金年代，從媒體收訊的一方被稱為「受眾」（audience）。顧名思義，「受眾」指涉單向溝通為主的傳播情境中，從同一訊息源接收訊息，個別樣貌模糊的媒體訊息接收者。由於前述的多元內容生產競爭，新媒體的溝通對象則是「用戶」（user）。用戶化的過程相對地涵蓋雙向互動溝通、訊息個別客製的可能，象徵傳統媒體的收訊端在收訊時間（隨選）、方法（跨螢幕）、內容格式（多元）、呈現偏好（客製）等方面更大的自由度。

針對內容爆炸的現實，傳統媒體紛紛學習面向用戶、經營用戶以圖變。在數位廣告占整個市場廣告預算金額已逾半的英國市場，擁有近400萬線上用戶的《衛報》，致力維護其評價甚高、內容豐富的行動應用。針對新媒體轉型的各項需要，《衛報》設置了「衛報實驗室」（Guardian Labs）以支援創新，重新擴大定義新聞內容來源，作為開路先鋒推進「數據新聞」（data journalism）的前沿。此外，並與英國行動通訊公司EE合作「EE衛報目擊者」（EE Guardian Witness）應用程式，提供全球公民記者進行行動報導。這些舉措，在深化《衛報》傳統中間偏左大報的品牌定位

同時，也讓線上用戶更加認同《衛報》。因為用戶的認同，《衛報》進一步導引核心用戶成為付費會員，藉實際的付費行動與線上線下交流，涉入程度更高地支持這家傳統老報的獨立、高品質報導。

　　大西洋另一頭的《紐約時報》，總部大廈28樓設有「研究與開發實驗室」（R&D Lab）。透過各項測試，其行動端新聞應用（NYT Now）的用語逐步口語化。在數位報導的呈現上，紐時實驗VR影視新聞，為用戶客製「為你推薦」（Recommended for You）版面，並以「推送通知」（push notification）與用戶維持固定關係。紐時也嘗試以烹飪為軸心，藉由讀者有高度興趣的報上文章相關各色食譜的提供，進行「服務型新聞」（service journalism）的實驗。此外，面對社群媒體在內容流通上越來越明顯的壟斷態勢，紐時透過數據建模，在這些平台上進行針對性的推播，希望吸引有興趣的讀者加入成為付費會員。

　　從這兩家傳統報紙的用戶化轉型，都指向了媒體在數位環境中「由受眾而用戶」的顧客導向經營必然性與必要性，也都彰顯

「衛報實驗室」官網

了在此一趨勢下優化讀者體驗的各種努力。

（3）內容格式的多樣化

新媒體時代也見證了「融媒體」的趨勢。「融媒體」指向訊息內容可視化、多樣化、生動化、切身化的呈現，具體則表現在無論內容產生源的背景爲何，同一訊息的多元格式傳播可能性上。如傳統電視，透過官網、粉絲頁，同時將影音新聞以圖文方式呈現；或如紙媒在圖文新聞外，也發力經營影音內容。《華爾街日報》目前每月生產500～1000個與報導相關的影音檔，除在自身網站播放，還向包括雅虎在內的各數位內容平台出售。

（4）內容通路的混雜化

一個內容檔案，例如選秀節目上歌手精彩獻唱一曲三分鐘的影音檔，可能出現在節目官網、YouTube的節目專屬頻道、數位新

《華爾街日報》的影像化融媒體企圖：
YouTube上的 WSJ Digital Network 專區

聞媒體的綜藝版、歌手自己經營的粉絲頁、無商業面利害關係的線上論壇如PTT、轉載至眾多個人的社群媒體個人頁等空間，產生一手到N手的傳播效果。此即內容傳播通路的混雜化。

而在這樣混雜化的通路中，從Web2.0之始的部落格到當今的直播平台，各個發展階段裡的主流社群媒體，由於線上互動、即時分享與用戶沉澱的特性，都替內容在流通過程中放大音量，並且提供了內容協作、改編、複數版本流通的可能。

（5）內容篩選的外包化

在混雜的內容通路中，當下扮演越來越吃重角色的是如Facebook，Twitter，Line等各社群媒體。這些平台在前述的內容通路角色扮演中，做為各種內容「再中介化」趨勢下的新集散點，透過演算法則，決定單一用戶看得到哪些內容、看不到哪些內容。在這樣的意義下，透過社群媒體接觸大量內容的消費者，事實上便是把資訊內容篩選權外包給社群媒體。先前談傳播的數位槓桿時所提到的「迴聲室效應」，此時便容易在社群媒體的演算法則運作下出現。

也因為社群媒體占據了內容篩選的關鍵節點，以NowThis為

代表的「分散式內容」（distributed content）新媒體，完全放棄網站的經營，也棄卻一般以新聞為中心，編排新聞內容到各平台的做法。NowThis的創新之處，在於改為以第三方平台為中心，依平台特性進行客製化的新聞選編。

（6）內容經營的數據化

如同數位環境其他場景一般，新媒體在內容經營上，同樣追求數據驅動的價值溝通槓桿。

從數據經營的源頭 ── 數據蒐集談起。日本的氣象服務Weathernews，以「氣象不僅需要預報，而且是一種有價值的新聞」為宗旨，2011年起與無線通訊業者KDDI合作，在後者的基地台裝設感應裝置，高密度地在全日本各地蒐集即時而大量的氣象觀測資訊。

NowThis官網。
首頁的「HOMEPAGE. EVEN THE WORD SOUNDS OLD. WE BRING THE NEWS TO YOUR SOCIAL FEED」宣示，彰顯了這個新媒體的特性。

　　再談數據的分析。數位原生的線上新聞媒體BuzzFeed，以數據引導內容而著名。晚近，它進一步建置一套名為「POUND」（Process for Optimizing and Understanding Network Diffusion）的機制，挖掘、分析一則訊息在各種平台與社交媒體間，由首發到擴散的整個傳播歷程。透過這樣的分析，BuzzFeed讓它所服務的廣告主，能更精確有效地進行媒體購買。

　　數據分析後的應用，如Dataminr數據服務，透過過濾分析每日五億則的推特發文，實時萃取出市場上的新事件與新趨勢，再販售與財金界與新聞界參考。又如《華爾街日報》，直接在編輯部設置大型面板，提供實時流量和流量背後的受眾閱讀行為分析，讓編輯們直接掌握其內容生產的市場接受度，從而優化內容的提供。

　　整體而言，這種種內容經營數據化的努力，依照我們在本書上篇中的討論，其實便是創造媒體新價值的槓桿運用企圖，同時也是媒體用戶化轉型、顧客導向經營的關鍵環節。

Dataminr運作簡介影片

（7）媒體經營的「媒體＋」化

數位環境中因為交易成本的降低，讓「媒體＋X」這個方向的「X」，有許多可能性。

首先，是「媒體＋媒體」，也就是媒體間的互補串接。如英國《衛報》與YouTube合作，在YouTube上建構包含新聞、評論、足球、科技、文化、音樂等頻道。數位原生的The Huffington Post則與各國媒體、Buzzfeed新聞聚合網站、美國科技博客、線上新聞平台Business Insider乃至《紐約時報》合作。至於《日本經濟新聞》，則靠收購《金融時報》來提升其全球影響力。

然後是「媒體＋硬體」。如中國的樂視集團，一手經營聯網電視機硬體，一手透過旗下的內容為這些硬體供血，企圖透過提供軟硬整合的「綜合式客廳體驗」，兜攏經營出一個自有的影視生態圈。

接著，我們來看一個本土市場中挺成功的「媒體＋電商」例子。民視的「消費高手」節目，是一個有將近二十年歷史，針對中高年齡層觀眾的消費資訊節目。節目上所介紹的商品，經由「消費高手一起購」電商網站銷售，有相當不錯的成績。這是一個線下傳統媒體往線上進行導流、促發購買的有趣做法。

「消費高手一起購」在YouTube上的專區

工業新場景：工業4.0

　　工業4.0的說法起自德國，指涉聯網後憑藉大量工業數據化的基礎，所將迎來的各種智慧化工業場景。②在工業3.0時代工廠牆內的「自動化生產」基礎之上，工業4.0時代因為「互聯網＋工業」的聯網特性，透過訊息的流通，驅動範圍更廣的協同合作、更細緻的自動程序、更多樣的客製可能和更有效率的製程，趨向「智慧生產」。更具體地說，工業4.0有如下的面貌。

（1）以物聯網為基底，數據為動能，平台為延伸

　　工業4.0是第六章圖6-1的具體詮釋。做為既有企業資源規畫系統（ERP）的延伸，工業4.0圖像中以製造執行系統（Manufacturing Execution System，MES），透過各種感應器所連結的物聯網設置，進行底層設備運行的實時監控，反饋給上層計畫／控制系統，以進行最適化或自動化的生產。

　　在這樣的基礎之上，以德國Bosch集團為例，全集團整合軟硬體與系統知識，重新布置供應鏈與客戶端的關係，進行覆蓋全

---

②：要將工業發展進行斷代，在年代的精確定義上各方有不同的說法。但大致而言，一般將蒸汽機出現、工業革命開始後的早期機器生產階段稱為工業1.0時期；20世紀初期起電氣驅動大量生產的階段稱為工業2.0時期；而隨著電子技術進步所開啟的自動化生產階段，則稱為工業3.0時期。

價值鏈的小批量、及時、低庫存的生產活動。Bosch的工業4.0發展，就著原有的自動化生產基礎，搭配物聯網、數據交換、數據安全等方面的標準設定一一建立，是一個由點而面，漸進推動的歷程。

再看中國海爾，其接入工業4.0的角度，則是在互聯與數據之上，由產品生產轉而為平台化的經營。因為物聯網與數據讓整個價值鏈透明化，從供應商端到顧客端的資訊不對稱降低，海爾集團便循著我們先前所討論，由規模經濟而範疇經濟的數位槓桿應用理路，將業務範疇由產品製造拓及到供應鏈金融（「海融易」）。

（2）需求拉動的柔性化生產

在互聯而彈性的工業4.0新局裡，一個非常關鍵的變貌，是生產逐漸由傳統上剛性的「預測推動」，轉而為柔性的「需求拉動」。

因為供應鏈上下游資訊相互連結而透明，所以C2B經營的落

Bosch 的工業 4.0 聯網智慧生產案例短片

實條件逐漸成形。C2B透過數位連結，剷除產銷之間的資訊不對稱，其必要條件是一個需求拉動的客製化、快速化、彈性化與柔性化生產系統。資訊平順流通下的供應鏈，可以無需傳統要求的精準預測，而彈性地進行少量多樣的需求滿足。以前述轉型平台化經營的中國海爾爲例，透過名爲「眾創匯」的互動客製平台，和名爲「海達源」的模組商資源平台等配置，開始試行讓顧客線上進行冰箱、洗衣機、熱水器等產品的客製化規格設定與下單，並且視覺化地追蹤生產進度。

除了耐久財外，傳統上如服飾一類的季節性商品生產，更常面臨的問題，是銷售預測失準情況下的損失：預測得比實際需求水準高，因爲有流行與季節性因素，一旦滯銷品打爲存貨就很難翻身，而這樣的存貨便造成龐大的資金壓力。預測得比實際需求水準低，因爲再要補貨常緩不濟急，便需付出「該賺而未賺」的機會成本。**在工業 4.0 年代之前，預測市場需求是一道難題：預測永遠不準，但預測不準又很傷。**彼時只有少數能呼風喚雨、議

海爾的工業4.0聯網智慧生產案例短片

價能力高的通路業者，才較有辦法驅動供應鏈配合，斥資建置強調共享資訊的「協同規劃、預測與補貨」（Collaborative Planning, Forecasting, and Replenishment，CPFR）一類的系統，以風險分擔的方式，降低預測失準的損失。

但工業4.0的互聯環境，開啓了柔性化生產的可能。以阿里體系內的產銷場景爲例，季節性商品製造商首先在淘寶、天貓上以多樣、小批量方式，透過產品點擊、收藏、購買等數據，對於各種新品進行即時市場測試。這些數據反應出的市場需求狀況，再透過品牌商與工廠間的動態補貨系統，讓工廠能夠預做物料與產能的準備，進行供需平衡的生產與供應。此外，阿里甚至開發「淘工廠」專案，做爲平台上商家與工廠間的橋梁，把工廠的產能與檔期商品化，讓工廠線上揭露空閒檔期資訊，在線上出售「柔性化生產」服務。

（3）工業服務化

在前述透過物聯網與數據，平台化連結供應端與顧客端、柔性化智慧生產的環境中，工業4.0新局的另一個重要面向，是**工業服務化**。以奇異電子爲例，傳統上，它的風力發電事業部門，

以販售發力發電機組給電力公司型態的顧客為主要營利模式。近年，該公司在風力發電機組上設置大量聯網感測器，轉型為顧客的風力發電統包解決方案服務提供者。透過感測器，取得機組本身與周邊環境大量即時數據，業務範疇便遠遠不僅於販售機組，也涵蓋替顧客優化提升風力發電機組的運作效率。對於傳統各類系統整合商（system integrator，如資通領域的奇異電子、IBM、Infosys 等；國防領域的 Lockheed Martin、Northrop Grumman 等；交通領域的 Bombardier、Matra 等）而言，不管切入市場的角度為何，這類「數據＋平台＋物聯網」所開創的新局，便帶來工業服務化的新商機。

（4）資本密集＋技術密集

做為「互聯網＋工業」焦點的工業 4.0，透過物聯網穿透以往資訊不對稱的藩籬，透過數據牽引出柔性製造的可能。而這些新發展的前提都是數位進程裡，因為交易成本的降低、生產彈性的增加，而為顧客創發新價值。在「互聯網＋工業」這樣的圖像中，很關鍵的變化是**由過往以工廠牆壁為界、壁壘分明的傳統製造情境，改而強調多元的「連結」可能**。而其中的「＋」號，可

能由數位原生企業扮演，如前述阿里的「淘工廠」；也可能由傳統實體原生企業擔綱，如前述的 Bosch 與海爾。但無論如何，這樣的新局裡，物聯網的建置與數據能量的累積，一方面必然需要龐大的資本，另一方面也需要匯集相關的技術能耐，兩者兼顧才能成局。因此，工業4.0圖像的落實，有賴資本密集＋技術密集的連結。

已知用火

台灣的數位發展

本書所逐一討論的數位槓桿，是數位環境中企業提升經營效率、為顧客帶來價值的方法，同時也都代表著數位時代裡新的經營邏輯。**無論在哪一個市場，各種數位槓桿的作用力，最終將集結形成重畫市場疆界、改寫遊戲規則的數位推土機**。不管主觀上喜歡與否，根據前面對於交易成本的相關討論，這樣的發展有其經濟意義上的必然性，無可阻擋也無法避免。我們曾比較過美中兩國的數位發展過程與意義，看見各個市場裡的數位發展軌跡，實有其路徑依存性。然而無論如何，**數位推土機正快速改變商業場景中的地形地貌**。既有企業在突圍圖存的過程裡，難再完全依賴傳統經營邏輯前行。

在這樣的基調上，本書結尾之處，讓我們來看看台灣的數位發展。

90 年代中期開始有幾年時間，台灣市場裡見得到各式新穎的網路應用，甚至還有超越時代的 Web 2.0 嘗試——像是《明日報》和它的個人新聞台（但也因超前主流而無以為繼）。但那畢竟是個網路歸網路、實體歸實體的年代；既有的傳統原生企業，彼時和網路上新迸出的各種發展間，像是在兩個互相平行的世界裡一般，基本上井水不犯河水。世紀初網路泡沫破滅之後，也就是中國的互聯網產業開始要跳蛙成長的那幾年間，台灣線上也有部落格和 2C 電商的熱鬧。然而那時候，線下卻似乎像是睡著了似的不大觸網觸電，線上線下仍然是兩個平行世界。2007 年 iPhone 上市，沒多久因為智慧型手機的普及，進到 SoLoMo 時代①，但是台灣的實體原生各業，早些年卻仍大致惺忪著。

隔沒多久，中國 BAT 跑馬圈地兜攏出的生態圈有了雛形，京東、阿里都在紐約上市，貨幣寬鬆的全球總體經濟環境下，風險投資資金四處找新創投資標的之際，台灣開始出現越來越多的聲音，討論台灣在數位發展上的相對遲滯。

遲滯或者前進，當然都是相對的。今天隨便一個中國中產

---

① ：美國風險投資人 John Doerr 於 2011 年提出 SoLoMo（即 social、location、mobile 這三個英文字縮寫）說法。在智慧型行動裝置（如智慧手機、平板電腦乃至其他穿戴裝置等）普及的今天，SoLoMo 指涉聚合圍繞著這些裝置的各種社會化、在地化、移動化場景。詳見《看懂，然後知輕重》一書第五堂課。

階級白領來台灣，或者自由行玩兩週，或者因工作而待幾個月，必然會覺得台灣的互聯網發展很落後。而從歐美或日本來的，一般不會有那麼強烈的感覺，頂多在少數生活場景裡覺得有些不方便。那麼，自己人呢？近期曾在EMBA課堂上以「給台灣目前整體數位發展打分數」為題做過調查，平均年齡四十出頭的三十幾位各業菁英打出的平均分數介於70到80分間。同一個題目，同一學期詢問另一門課的大學生，平均分數則少個10分左右。

如果從表象來看，實體各端都已令人感到相當舒服方便的台灣，數位發展是不是真落後了，這方面的見解實在因人而異。源自異質背景的經驗和判準，斷不可能給出齊一的標準答案。也因此，前一本書《看懂，然後知輕重》裡曾以「數位空洞」一詞描述台灣的狀況，雖然具體提出若干一般性的實例說明，但仍有讀者質疑：「真有那麼嚴重嗎？」

如果離開相對經驗性的表象層，盤點台灣各行企業掌握運用數位槓桿的能耐，那麼答案其實是挺明確的：台灣的確存在數位空洞的狀況。

數位空洞，並不代表各業沒有推出各種新的數位應用。相反地，這兩三年各方看似瞬乎驚醒，紛紛大張旗鼓地宣示開展數位

布局，從大數據到創新創業，從機器人到區塊鏈，蔚爲時尙。但若分析媒體各種報導裡的宣示和動作，其中至少七、八成還是出自大家都很熟悉的「追熱」「應考」與「交差」的炒短線操作。所謂**數位空洞**，指的是**實體原生企業的各種數位化動作背後，從資源配置、操作方式、組織期待與能耐培養等角度，多數看不到要練就數位槓桿的決心。**就算不提發展的跳蛙路徑較爲特殊的中國，台灣有規模的企業在數位經營上相較於歐美日同業，較少見到長期累積的打算。

問題溯源

近期一般討論台灣數位發展相對遲緩乃至空洞的現象時，常見較爲簡略單一的歸因。但若仔細梳理台灣的實況，則可見相關現象背後複雜的多方肇因。這些肇因彼此之間，又有著相當明顯的關聯。

底下便針對這些或常被提及、或甚少被檢視的各種數位空洞原因，一一討論。

（1）決策者看不懂

　　數位環境裡的各種發展讓人眼花撩亂。企業出現「追熱」「應考」與「交差」式的短線行為（例如大家很愛高喊「大數據」，卻壓根沒打算長遠布局相關條件、培養相關能耐），一個可能的原因，是決策者沒真看懂數位這個「局」。

　　長期以來台灣資本的一般性格，依循傳統、強調成本管控、講究表面紀律、力求不出差錯、看重政商關係經營，也透過此類關係套取利益。在資訊透明度低的傳統交易成本結構裡，這樣的企業經營慣性與風格，確實是許多行業的生存與經營之道。久之，此類慣性與風格，便被資本主理解為是千古不變的「商道」。而這樣的資本性格面對去中介化、（民主國家裡）政府相關影響力有限的數位新局，便鮮有耐心去系統性理解終端消費市場，因此也較缺乏接單模式之外的價值創新企圖。於是，**多數企業容易把數位環境的變動與可能，看成只是花俏的「環境噪音」**──既然媒體詢問、同業都在談、政府政策也吹這風向，就應個考、交個差吧。

　　然而，除了對內對外的「誠信」是永遠重要的企業品質之外，數位推土機推出的新局，已逐漸改變傳統經營邏輯所從出的

基本假設。就如本書開頭所提，一戰爆發之際海格將軍的認知，是世世代代陸軍將帥的經驗結晶，但世世代代的經驗結晶雖適用於詮釋歷史，卻並不保證適用於沒人說得準、遊戲規則已變的明天。無奈的是，如果將帥衷心相信只有馬肥兵壯的騎兵才能承擔關鍵任務，那麼在被醜陋的飛行器凌空狠狠轟炸幾回之前，將帥不大容易對新局有感。無關決策者的愚慧，這是人的慣性所致。這也是李維特所詮釋的，商業史上屢見的企業「短視症」常態。如何跳脫這人性的短視，則關係到決策者的智慧。

當新局無法用經驗理解時，合理的解法，是讓較看得懂新局的新世代，去處理新世代的問題。此時對於決策者智慧的考驗，便在於能否接受這簡單、有效，但註定讓自己落寞些的解法了。

（2）領導者變革的決心考驗

這裡提及的企業領導者，指的是企業裡有拍板決定權的人物。台灣目前中大型企業的領導者，多屬於已銀髮的嬰兒潮世代；家族色彩濃厚的企業，許多也正逢換代接棒之際。即便領導者看懂了數位推土機的威力，實際上還需面對另外一層挑戰：帶領轉型的決心。

　　要應用數位槓桿，面對數位推土機的挑戰，甚至久之化身為數位推土機的一環，免不了傷筋動骨、曠日廢時，而短期間內難見成效的大規模轉型。從經營的策略導向、組織設計的配適數位新局、績效考核制度適應創新的容錯空間，到人力資源的重新規畫、新核心能耐的培養與實驗等，面向數位經營而進行的企業轉型，牽連實廣。這時候每一項有實益的變動，都必然牽動組織裡最複雜的「人」的問題。也因此，實體原生的企業欲涉足有意義的數位經營，便必然需要啟動根本性的變革。

　　變革的強度與深度，首先繫諸企業領導者對於數位槓桿與數位推土機的認識。這便與前面關於決策者「看懂與否」的討論息息相關。即便「看懂」了，還牽涉到領導者的決心問題。在當代的台灣，面對數位變局裡與以往截然不同的遊戲規則，企業領導者的決心問題還應分兩群來討論：如果是老一輩的企業領導者，那麼在下台前所剩的有限時間裡，是否仍有心力引領改變？如果是剛接手的二代三代領導人，那麼面臨傳統上接手後立功立威的壓力，是否願意從事短期難有「戰功」的體質調整？焦頭爛額之際是否有餘力調派充分資源去長期蹲馬步？

　　這些都是台灣企業領導者正面臨的考驗。

（3）顧客導向的理解不足

交易成本結構改變所導致的去中介化趨勢，讓無論原本是B2C或是B2B的企業，都需要更確實掌握終端消費面貌，才足以應變。直接與這樣的能力相關聯的本事，是正式的行銷訓練。然而在台灣，行銷卻常被誤解、畫錯重點而不知。

在台灣，不管是企業裡還是商學院中，談財務、談會計、談資訊、談物流、談生產，感覺上都有一定的「專業」色彩，背後有一套硬功夫，需要一定程度的訓練和修練，不是內行人便不大敢僭越。但是談及行銷，多數商場人士都自覺頗有心得，很可以分享。學生們也都喜歡聽五光十色的「成功」行銷故事，課堂裡如超商的貼紙集點般，聽滿五十、一百則故事就覺充實滿滿，似乎因此覺得在耳濡目染之下也可算是半個行銷高手。

也因此，各界看待行銷，長期下來便有了各種積非成是的誤解。看輕行銷者，大概將其化約為江湖賣藥一類的伎倆。看重行銷者，也多圍繞在四P層次上搏光鮮，執著於班排等級的戰技、連營等級的小部隊操演。憑著這樣的本事去打仗，若在本土市場熟悉的地形地物間，靠主場優勢多少還應付得過去，然而一旦面對不熟悉的新市場，無論這「新」是環繞著品牌的國際拓廣，還是

緊靠著顧客的數位發展，不習正規作戰的兵法、不熟戰場上大部隊調控的法則與布局，終究難以成事。

本書導論中提及，企業在數位變局中的「活法」就四個字：**顧客導向**。雖是老生常談，但台灣企業談顧客導向，因為對於行銷理解的局限，通常就在技術與戰術的層面打轉，沒意識到**顧客導向經營需要修練一套理解市場、透析顧客的硬底功夫**。有了那底子，談行銷策略與戰術才有意義，也才可能長時間面向顧客群進行攸關的價值創造、遞送與溝通。

即便是數位原生的台灣電子商務經營者，早幾年興沖沖西進中國市場卻多水土不服、鎩羽而歸，這幾年則又轉而大談南向，往所知極為有限的東南亞市場發展。這些在在都把面向市場、經營顧客的行銷本事看得太淺、太容易，而失之浮躁盲動。

不少企業在母市場裡因主場優勢而「成功」，卻沒看懂顧客導向的本質、練妥真本事。這一方面可以解釋為何迄今台灣品牌多數走不出國門，另一方面也恰恰是台灣各業相對數位空洞的一個關鍵原因。

（4）市場定義相對窄淺

台灣在製造端有不少國際大廠，在數位變局中，都有「已經布局妥當，等客戶決定好方向，就能全力配合」這類的準備。過往在品牌客戶的壓力下，這些大廠不斷進行程序面的創新，精進產品品質與製程效率。可預見的未來，在品牌客戶的驅動下，這些大廠也將很自然地配合朝著工業4.0的概念指引去發展。

而B2C相關的各業，面對數位變局多數就較為徬徨。常被各業拿來解釋之所以猶豫、躊躇的理由，常是「台灣實體市場已經很方便」以及「台灣市場太小」。

先談「已很方便」一事。台灣的內需市場，各業經營至今的確已相當綿密、細緻，消費者的確也享受各種方便的服務。但是這些方便，畢竟都是實體世界的方便。數位發展讓交易成本更降低、讓消費端即時即地獲得更多元豐富的價值，理論上當然會讓消費端覺得比原先「已很方便」還要「更加方便」。實務上迄今沒太多「更加方便」的例子，還是得歸因於經營者在數位經營上求「形」未求「神」，只撿流行的花樣施展，沒從完善顧客體驗的角度進行數位布局。消費端沒體驗過更方便的服務，不大會抱怨；但經營端在轉型3維空間經營的過程中輕忽，一旦市場更開

放，很快就把制空權讓給他人了。

再來看「市場太小」這樣的論點。在一個較小的市場裡難以發揮規模經濟槓桿，似乎是個實在的限制。但如果仔細斟酌，**「市場太小」的說法其實是經營者眼界、理解與決心等限制的托詞**。在這件事情上，市場的「大小」，至少有「深度」與「廣度」這兩個面向。

就深度來說，即便把範圍只限在2300萬人口的台灣市場，如果有哪家本土企業看懂了局，在這個地形地貌都熟悉的市場裡，擇一個垂直需求領域安營紮寨。長久下來致力累積數位經營能耐，經營起較大的客群，占據較大的市占率。如此一來，說小其實不算太小的2300萬人口本土市場，其實也足供初步展現數位經營的規模經濟。尤其在這樣的能量累積之下，規模經濟之後經營數位生態圈，當更能深化客群經營的成果。

就廣度來說，誰規定市場僅限於台灣、只能在台灣發展？但要跨出台灣追求區域尺度乃至於全球尺度的市場廣度，則與上面討論的深度殊途同歸，同樣需要有體驗、創意與數據等方面的能量累積。沒有面對大戰場的心理準備與正規作戰的能量，自然不容易出國比賽。

總體來說，「台灣已很方便」與「台灣市場太小」的說法，

都源於前述顧客導向經營的過淺理解。基於這過淺的理解，對於運用數位槓桿一事，不管是深耕台灣或者放眼天下，自然便都缺乏信心。

（5）「看短不看長」因此創意能量薄弱

台灣不少企業的數位發展有「形」而無「神」，如前所述，肇因於沒有弄懂顧客導向真義，沒有老老實實發展顧客經營的本事，也因此沒有大規模正規作戰的能耐。因為這「三個沒有」，所以數位發展便容易流於「追熱」「應考」與「交差」的短線操作，而沒有耐心去琢磨數位轉型需要花長時間磨練的硬功夫。

底下，我們就以舉重若輕的價值溝通槓桿支點所在的創意為焦點，透過一個例子，一葉知秋地看台灣企業因為「看短不看長」的慣性，而導致的能量弱化。

80到90年代間錢淹腳目之際，由於正值內需消費市場的爆發，台灣曾是亞太地區市場創意各環節的亮點。而後，隨著業界人才大量西進以及國內企業主對於經營本質理解的局限、對於短期效果的孜孜追求，創意能量遂每況愈下，日益衰退。這衰退可以用一個量化的事實來說明。

創立於1954年的坎城國際創意節（Cannes Lions，先後曾稱爲「國際廣告影片展」與「坎城廣告節」），是一個歷史逾60年的全球商業場域創意業者年度盛會。在這個全球創意業者相互較勁的重要場合裡，除了傳統的產品設計、媒體創意、直效創意、戶外創意、廣播創意、平面印刷創意等幾項外，近年來陸續增加了與數位時代接軌的網路創意、科技創新、行動創新、數據創意等獎項。2015年，這項盛會的各項競賽共吸引了超過4萬件作品參賽。其中亞洲國家部分，日本參賽有1240件、中國有876件、泰國有593件、新加坡有524件、南韓有425件，馬來西亞、菲律賓、香港、印尼、越南等國則從近400件到百餘件不等。

猜猜看，台灣參賽幾件？

76件。

這個數字反映出台灣的創意能量，在線下線上溝通這個切面上的窘境。稍有年紀的讀者，看現在的台灣電視廣告，應多覺得遠比二、三十年前的電視廣告遜色。然而整體創意的缺乏，其影響則絕不僅電視廣告難看而已。商業情境中的創意能量，從市場端的溝通、企業內的產品服務設計、顧客體驗的提升，到更爲本質性的新商業模式想像，都環環相扣。缺乏創意，各種顧客經營企圖自然就僅求有「形」而無能於「神」。

（6）「創新」與「創業」相關的若干狀況

　　「創新」和「創業」，再加上剛剛討論的「創意」，是數位轉型過程中非常重要，近年來很熱鬧，「產官學」也都花很大力氣鼓吹推動的事。但在台灣，舉凡「產官學」三位一體熱烈鼓動的事，泰半以「順利結案」圓滿收場，不多也不少。眼下所見的「創新」和「創業」風潮，當然值得期待，但目前看到某些流行的現象，終究會造成創新和創業的實質障礙，而讓台灣商業端的數位進展相對蹣跚。

　　其一，是這陣風潮下年輕人所受的影響。教改世代的年輕人，家庭經濟環境較優渥者，自小就被鼓勵累積各種競賽獎狀，充當各階段入學申請的敲門磚。及至大學、研究所，更廣被鼓勵參加各種產官學舉辦的創業、創新、創意相關競賽。但越加氾濫的競賽裡，不僅參賽者，往往連舉辦方，都對競賽所模擬的市場運行邏輯有所隔閡。而年輕學子循著從小培養的習慣，在環境鼓勵下參賽得獎如蒐集徽章。長此以往，參賽無數，實戰闕如，遂見到越來越多過度膨脹的自信——誤以為精於打online games、在螢幕上殺敵無數，就能拎著M16步槍在槍林彈雨的戰場裡扮演藍波。

其二，是「新創」風潮下，常忘了「新創事業」和「既有企業」終究都屬於同一個市場。在一個健康的市場裡，新創與既有企業間的關係，如本書中提及的美國BMW與RideCell協力經營隨需短租的例子，應該是魚幫水、水幫魚，相互需要、彼此支援。但在台灣的多數場域裡，新創事業和既有企業常被當成是兩個獨立的世界，彼此缺少連結，甚少往來。無論新舊企業，這樣的隔絕常讓事情事倍功半。

其三，是受社會的傳統文化束縛。自由市場裡有意義的「創新」和「創業」，很少靠由上而下的top-down指導方式以成事，不可能有固定的套路，同時一定需要大量失敗當做灌沃的肥料。但這些事實，卻都與社會習以為常的行事方式與文化傳統相扞格。剛剛提及市場上針對學子舉辦，日益氾濫的大量創新、創業與創意競賽，與稍早討論的國際創意賽事中台灣正規軍的極低能見度，兩相對照，便是這個社會「務虛」文化的縮影。

（7）公部門的障礙

這幾年只要談到台灣數位發展的相對遲緩，「法規的落後」「公務員的怠惰」等常是論者立論焦點。但如果能理解、接受本

章中針對數位空洞原因的詮釋，那麼公部門的障礙其實只是原因之一，而且多數時候並不是最重要的原因。在《看懂，然後知輕重》一書中，曾舉出百貨零售業官網經營概念的落後、大型自營電商對於珍貴數據的自我放棄、線上銀行不到位的顧客體驗等爲例，這些例子都沒有受到法規綑綁，但業者的經營觀迄今則依然如故，全無改變。

無論如何，在某些關鍵節點上，公部門會造成新創數位發展、企業數位轉型的障礙，卻也是無庸置疑的事實。所謂的障礙，又可粗分爲法規的滯絆，以及公部門指導下既有利益的隱晦分配這兩部分。

立法、修法以及法規的詮釋，是各方利益角力與妥協之結果。從先前第三方支付長年的爭議，到當下關於 Uber 與 Airbnb 這類平台商務的適法界定，都是如此。從這個角度來看台灣數位發展相關的法規限制，牽涉到既有模式經營者的遊說實力、一般民意的趨向，以及政務官的價值選擇與承擔。

法規之外，公部門所造成的數位發展障礙，還有一個同樣重要但較少被討論的面向，即過往公部門指導出的利益分配結構。如金融、物流等領域裡若干交易種類，規定必須統一採用特定公司發行的電子憑證。這方面公部門雖有各種堂皇的理由，究其實

則在保障這類不受立法權直接監督、民間業者定期納貢、官股酬庸任命、產品顧客體驗差、致使交易效率降低的憑證發行公司。要克服這類較隱晦的結構性障礙，難度將比法規修改還高。

　　與公部門相關者，除前述兩項影響數位發展的障礙，尚見國家資源的浪費。時至今日，面向新經濟諸元，政府仍沿襲三、四十年前的產業發展規畫邏輯，推動所費不貲的大型建設與補助計畫，以彰顯迎向數位經濟的決心。但這類政績的堆砌企圖與無人可預測的數位變局實況相映對，各自的邏輯並無交集，實分屬兩個相互平行的時空。

合理化的經營進程

　　從歷史角度看本書所談的數位槓桿、數位推土機，那麼很清楚地它們都屬於資本主義發展中「合理化」經營主軸的進程。

　　經濟史上由自然經濟而貨幣經濟，隨著複式簿記的出現、公司組織的成立、技術進步下的精細分工、生產的改良與流通的發達等條件湊泊，資本主義成形。企業活動以資本的計算為指南，

幾個世紀間的發展主軸是「合理化」的經營。無論是 18 世紀的紡織機變革、19 世紀的鐵道輪船交通革命、20 世紀出現的大量製造生產線型態以及相對應的管理理論，都是「合理化」經營的階段性歷程。後之視今，猶如今之視昔。本書所談的數位槓桿與數位推土機，同樣是技術發展至此，又一個「合理化」經營的階段性歷程。這裡所說的「合理化」，無論放在哪個斷代，都可化約成市場經濟裡更高效率、價值更豐富的經營。

在合理化進程中，沒跟上時代節奏的經營模式，除非經營的是市場上特別稀缺、無所替代，而又尚有需求的項目，否則無論過往多麼成功，都必然因為效率或價值提供的不足，而在競爭新局中被淘汰。**現代企業要避掉被淘汰的命運，免於被數位推土機鏟輾，當然便需要修練、打造、應用各種數位槓桿。**

台灣在當下這個階段，直接面對的，是剛剛依序討論的連串現實困境。突破之道，首需理解前述的各項障礙。理解之後，應補學分的趕緊補學分、能改變的就改變。而圖謀突破的過程中，必然會經歷大量的衝突與震撼——轉型有賴強而有力的領導，與由上而下的策動與支持；但數位創新又沒有捷徑、沒有套裝解，而需賴鼓勵嘗試、由下而上、容許錯誤、讓年輕人出頭的組織氣氛支持。化解這看似兩難的關鍵，在於能否去除傳統文化沿襲至

今的「務虛」習氣。

　　本書從頭至此所述所論，無論實然面或應然面的討論，皆以企業的生存為出發點，琢磨當下的合理化經營。如果要談的是數位新局裡的「人」，則是一個完全不同的命題，需要從不一樣的基本假設出發，另外討論了。

www.booklife.com.tw　　　　　　　　reader@mail.eurasian.com.tw

商戰系列 154

明天的遊戲規則：運用數位槓桿，迎向市場新局

作　　者／黃俊堯

發 行 人／簡志忠

出 版 者／先覺出版股份有限公司

地　　址／台北市南京東路四段50號6樓之1

電　　話／（02）2579-6600·2579-8800·2570-3939

傳　　真／（02）2579-0338·2577-3220·2570-3636

郵撥帳號／ 19268298　先覺出版股份有限公司

總 編 輯／陳秋月

主　　編／莊淑涵

專案企畫／賴真真

責任編輯／許訓彰

美術編輯／金益健

行銷企畫／吳幸芳·陳姵蒨

印務統籌／劉鳳剛·高榮祥

監　　印／高榮祥

校　　對／黃俊堯·許訓彰·鍾旻錦

排　　版／杜易蓉

經 銷 商／叩應股份有限公司

法律顧問／圓神出版事業機構法律顧問　蕭雄淋律師

印　　刷／祥峯印刷廠

2016年10月　初版

定價 280 元　　　　ISBN 978-986-134-286-3

其實，若懂得靈活運用數位槓桿，台灣本土市場已足夠供各產業初步
展現數位經營的規模經濟，並更能深化客群經營成果，創造未來的無
限商機！

——《明天的遊戲規則》

◆ **很喜歡這本書，很想要分享**

圓神書活網線上提供團購優惠，
或洽讀者服務部 02-2579-6600。

◆ **美好生活的提案家，期待為您服務**

圓神書活網 www.Booklife.com.tw
非會員歡迎體驗優惠，會員獨享累計福利！

國家圖書館出版品預行編目資料

明天的遊戲規則：運用數位槓桿，迎向市場新局 ／
黃俊堯 著. -- 初版 -- 臺北市：先覺，2016.10
256 面；14.8×20.8公分 --（商戰系列；154）

ISBN 978-986-134-286-3（平裝）

1.電子商務 2.企業經營
490.29   105016032